理想的廚房生活

最時尚的家庭主婦
渡邉真紀／著
卡大／譯

前言

我工作的場所在廚房。無論家事或工作，一天的生活在廚房開始，也在廚房結束。有好幾次，我結束一整天的工作，坐下來泡茶、休息的時候，才突然注意到「咦？我今天一整天都待在廚房！」

因為會長時間停留在廚房，所以我經常整理器具的放置處，勤於打掃，讓整個空間更加乾淨舒適，就像上班族的「整理好辦公桌面，提升工作效率」感覺一樣，對我而言，整頓廚房，就能心情愉悅地順利進行工作或家事。

常有人問我：「要怎麼流暢迅速地做飯呢？」、「如何愉快又有效率地做家事？」忙碌的每一天，想要有充裕的時間好好做飯、花時間鉅細靡遺地打掃，實在是個困難的任務。對我來說也是一樣。

我從事料理的工作，在雜誌或書籍上發表食譜，偶爾還得接受訪談日常生活小細節。同時，我身為主婦，也是小學生的母親，每天過著家事和育兒的忙錄生活。我相信，不管是雙薪家庭或是單薪家庭，所有家庭的母親都很忙碌，總是被許多「必須完成的事」給追著跑。

稍微做些別的事，就沒時間煮飯，打掃不完只好放到隔天，結果隔天又有新的工作壓上來。一忙起來，就陷入這樣的惡性循環。

可是實際上，不管是煮飯或做家事，只要在堆積之前「日日踏實，簡單不堆積」，像這樣進行，一下子就能輕鬆做完。

比如準備晚餐，在製作今天主菜時順手準備「保存包」。這樣明後天的晚餐就能夠省時許多；打掃方面，容易累積髒汙的地方每天稍微整理，就能減少髒汙累積，餐後收拾廚房，只需擦一下抽油煙機即可。

雖然這些都是小事，但只要未雨綢繆一番，為未來想想，將「該做的事」提前認真進行，就會在不知不覺中覺得「其實這很容易嘛」。為了做到不堆積的生活，保有這種「提前」的意識很重要。

不過，嚴禁做過頭，太貪心想做許多事就不容易持久。忙碌一天，感到疲憊時，悠哉地喝杯茶，自己褒獎自己，等完全恢復精神，再從隔天開始繼續。我認為該用這樣的感覺踏實地持續下去。

本書要向各位傳達我歸納的各式「最佳解決策略」。當然，我自己仍在研究中，隨著年齡增長，小孩成長等因素，策略也會跟著有所變化。

購買本書的各位讀者，不必過度謹慎地直接套用，請配合你自己的生活型態，用本書當作參考，那是我的榮幸。當你不經意地翻到某一頁，若能發現到讓你每天過得愉快的小技巧，那正是我寫本書的初衷。

渡邊真紀

理想的廚房生活
日式料理研究家，
教你日日踏實，簡單不堆積

目錄

1章　冷藏、冷凍庫與基本食材

2章　菜單發想有門道

③章

廚房用具與動線配置

4 章

每天打掃心情好

5 章

日日踏實，小小的樂趣

料理目次

① 章

冷藏、冷凍庫與基本食材

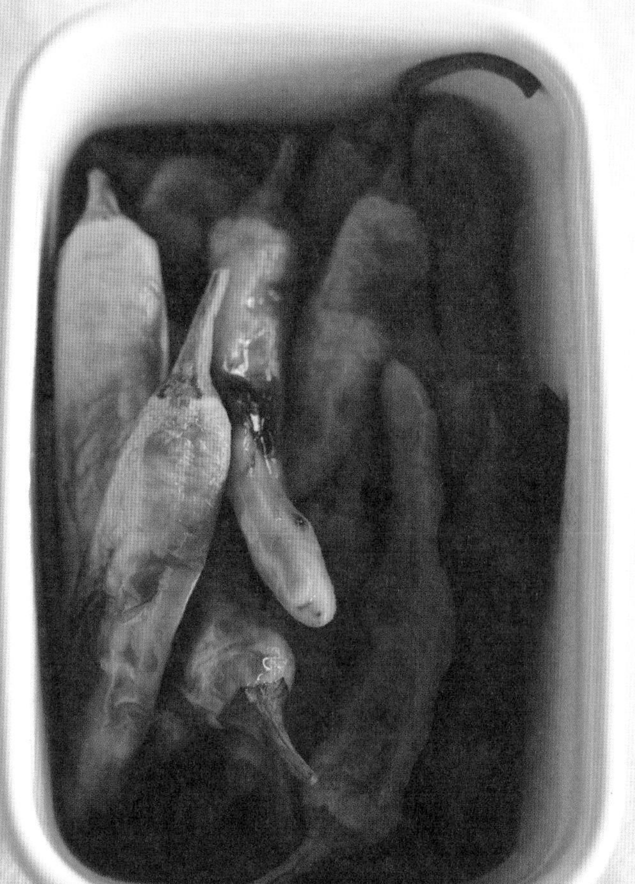

讓做飯變輕鬆的「保存包」

好幾年前開始，我養成做「保存包」的習慣。

提到保存包，應該有人以為是儲藏乾貨、梅乾等能久放的食物，但我所做的保存包可沒那麼簡單，這是能夠活用於每天三餐與便當製作的方便利器，就像「快速調理包」一樣。

我會養成製作保存包的習慣，源自過去外燴工作的經驗。當時，經常必須一次準備數十人份的餐飲，所以得從前一天甚至前二天開始做準備。從那時開始，我便不斷嘗試「該怎麼做，才能將美味保留到兩三天後呢？」直到現在，我已經算是「保存包活用術」的箇中達人。

趁著食材新鮮之際，用鹽醃起來，或用醋浸泡來保持美味，除此之外不添加其他的調味，這樣能夠保有較多的變化空間，之後無論是做日式料理或西式料理都很方便。

這個「到最後才能調味」是重點，否則連續吃好幾次相同的味道會膩，最後甚至會覺得自己在吃「剩菜」。到吃之前才做最後的調味，才能夠引出準備食材的美味。換句話說，不事先調味是為了「殘留美味的空間」。

「每天都很忙，還要額外花時間做保存包，這樣不是更累嗎？」其實，與其「特地製作」保存包，不如在有時間的時候，用「順便做」的感覺完成。

我常常是在準備晚餐時順便做保存包。比如，半個高麗菜用來炒，那另外一半就切絲撒上鹽，做成「鹽漬高麗菜」；半條小黃瓜今天煮菜用掉了，剩下半條就做成醃小黃瓜或涼拌。

魚、肉類的食材，通常是買的第一天最新鮮，之後味道會漸漸變調，但是，今天一餐吃不完，難道就只能看著好好的食材變不新鮮嗎？

這時，就可以利用鹽、味噌或醬油等基本調味料先做好調味，防止味道走樣，同時增添熟成的甘美味。將今天沒吃完的食材切成易於調理的大小，醃入調味料，只需要兩三分鐘，這麼簡單的步驟，卻能延長美味的持久度。

因為有這個保存包，做飯不再那麼吃力，能以輕鬆、愉快的心情烹飪，更有餘力繼續準備明天、後天的保存包。形成良性的循環是最理想的狀況。

「既然這樣，我就多做一些保存包吧！」可能有人這樣想，一口氣就做五種保存包。

「做好了！」的確有令人心花怒放的成就感，但所謂過猶不及，如果量做得太多，結果到最後根本用不完，很可能成為冷凍庫的埋藏品，而且三餐一直用同樣的保存包，也容易厭倦那個味道。原本是能夠讓做飯變輕鬆的保存包，反而變成「得把那個保存包用完」的心理負擔，造成反效果。

先試做一種保存包，好好用完，下次再做另一種保存包。用這種方式，慢慢地交替使用，做起來輕鬆，且更容易長久持續。

鹽漬高麗菜

材料（易做的分量）　高麗菜1/2個　鹽1小匙　醋1/2小匙

做法

①清水洗淨高麗菜，儘量擦乾水分。切成大塊放入盆中。

②灑鹽到①中，輕輕地用手搓揉，加醋攪拌，放入保鮮盒。

◇約可在冷藏庫保存一週。可加到湯裡一起煮，或是加香菇、雞肉燉煮。加入醋薑、煎蛋一起做成三明治也很不錯。

醃漬蘿蔔乾絲

材料（易做的分量）　蘿蔔乾切絲40g　A料（米醋50mL　甜菜糖1大匙　高湯150mL　醬油1大匙　鹽1/4小匙）

做法

①切絲的蘿蔔乾在流水下搓洗，放入加滿水的容器浸泡，約8分鐘後將水倒掉，水充分瀝乾。

②將A料放到小鍋以中火煮開。

③將①放入保鮮盒，趁熱倒入②。

◇待溫度降到室溫後放入冷藏庫，約可保存一週。可和魚露、檸檬汁做成泰式涼拌菜，或是細切拌番茄，或是和豬肉塊一起煮都很美味。

生薑醬油醃漬豬里肌肉

材料（易做的分量）　豬里肌肉（生薑燒肉用）10片　A料（薑磨碎約1片的量　酒2大匙　味醂1大匙　醬油1大匙）

做法

①將A料攪拌，均勻醃入豬里肌肉，輕輕揉捏，放入保鮮盒。

◇約可在冷藏庫保存四天。可以直接拿來做生薑燒肉，也能和切薄片的蓮藕上一起煮，或是和香菇一起包入鋁箔紙燒烤。

我們家冰箱的冷藏庫通常會放三盒不同的保存包。
下次煮飯，將保存包中處理好的食材直接拿出來烹調，煮飯一下子變得好輕鬆。

冷凍的好滋味「冷凍保存包」

「吃的東西只要經過冷凍，味道就會變差。」以前我存有這個迷思。不過因為雜誌的工作，有各種嘗試的機會，我才漸漸瞭解，使用適合冷凍的食材，透過適當的做法，冷凍保存包將會非常便利。一直到現在，我仍會定期準備「冷凍保存包」。

冷凍保存包的主要材料，是肉或魚等蛋白質。確實地將這些食材加以調味再冷凍，味道不會變差，兩個月以內也不用擔心凍燒（物體的水分消失變乾燥，解凍後變碎，味道變差的現象），可以妥善保存。

舉例來說，把雞肉用醬油、酒、味醂醃一醃，放入保存袋冷凍。這個保存包可以和牛蒡或蓮藕一起煮，或是裹上太白粉去炸，煎熟做成照燒雞肉蓋飯也不錯……有各式各樣的應用方法。因為已經在冷凍前調好味，所以可以省下調味的時間，馬上做出好吃的雞肉料理。比起未處理的生鮮狀態直接冷凍，省時又省事。

至於配菜，我還有數不清的口袋菜色，比如，將薄切的洋蔥混合鹽及橄欖油做成「涼拌洋蔥」（切片汆燙後混拌，或是做為肉或魚料理的配菜）；將香菇燙熟撒上鹽巴變成「鹽漬香菇」（可做成蛋包飯，或是烏龍麵、蕎麥麵的配料）；或是將馬鈴薯煮熟壓碎，加入少許鹽巴的「馬鈴薯泥」（與生奶油混合後焗烤，或是捏成團狀做成可樂餅）。以上菜色，都能冷凍起來加以保存。

冷凍保存包的食用方法，不同於「直接微波食用」的市售冷凍食品，而是和冷藏保存包一樣，在要吃的當天解凍，再以煎、蒸、炸、炒等方式重新料理，完成後的美味程度，不比當天現買的差，卻可以大大節省衝到市場採買的時間，以及料理的時間。

因此，希望你能開始嘗試，和我一樣，把多買的食材在晚餐時間順便處理、冷凍。冷藏庫中準備冷藏保存包1～2品項，冷凍庫中準備冷凍保存包2～3品項。有這些材料，三餐的準備立刻變輕鬆。請一定要嘗試看看。

優格醃漬雞腿肉

材料（易做的分量）　雞腿肉500 g　A料（無糖優格1/2杯　鹽1小匙　酒1大匙　橄欖油1/2大匙）

做法

①雞腿肉切成易入口的大小。

②攪拌盆中放入①與A料，充分混合揉捏。放入保存袋冷凍保存。

◇可冷凍保存約兩個月。裹太白粉油炸，就變成炸雞塊；和豆類一起煮也很好吃。塗上優格可以讓雞肉變得柔軟。

檸檬醬鮭魚

材料（易做的分量）　新鮮鮭魚4片　洋蔥1/2個　A料（檸檬薄片2片　檸檬汁1大匙　白酒50 mL　鹽1小匙）　橄欖油1大匙

做法

①將鮭魚分成三等份，洋蔥切薄片。

②保存袋中放入①與A料，輕輕混合，再加入橄欖油，全部混勻後冷凍保存。

◇在冷凍庫中可保存約一個月。可以裹麵衣炸，或是用奶油煎，也可以和香菇一起包鋁箔放入烤箱。加入檸檬能去除腥味、保存美味。

我家冰箱冷凍庫。左下直排的是冷凍保存包。旁邊的無印良品收納盒，裡面是放肉類或魚類等食材。

冷凍保存包封口前，請注意將袋中的空氣完全壓出，比較不佔空間。同時建議袋子上寫清楚冷凍日期。

冷藏庫不要塞太滿

我在料理工作上要用的食材，還有一家三口的三餐食材，為了將這些食材全部收藏起來，冰箱的收納能力非常重要。

我從幾年前開始就使用「ＧＥ（通用電氣公司，General Electric Company）」的冰箱，它沒有多餘的功能，只有冷藏室和冷凍室。我喜歡這個美國產品樸實簡潔的設計，放在裡面的東西一目瞭然。冰箱深度夠深是優點，但會有點難拿出放在裡面的東西，所以我儘量不把小件的食材放到深處，而是用無印良品的ＰＰ（聚丙烯）整理盒，代替抽屜，動點小腦筋讓冰箱更容易收納。

冰箱的使用方法，最重要的是讓放到裡面的東西能確實地循環，嚴禁一股腦地塞入食物。時常掌握冰箱的庫存狀況，才不會買太多食材。因此，「決定好放置位置」、

「不堆積太多食材」是冷藏、冷凍庫管理的要點。

我每週委託宅配運送食材一次，固定在星期二送達，所以前一天的星期一，就是我整理冰箱的最佳時機。將剩餘的蔬菜做成湯或醃漬物，空出一定程度的空間來放入新食材。我家的冷藏庫有左右兩個蔬菜室，我的分類方法是，左邊用來放舊蔬菜，右邊用來放新蔬菜。

宅配的蔬菜大多裝在塑膠袋裡，為了便於保存與拿取，我會將蔬菜替換到保存用的袋子裡。為了避免氧化或乾燥、味道變差，我準備了各種尺寸的袋子。

葉菜類用報紙包起來，根朝下，放在冷藏庫門架。以種植蔬菜的垂直狀態放置，比較容易持久。我不去除根莖菜附著的土壤，就直接放著，葉子較大的蔬菜，我會用鋁箔包起來，不同的食材有不同的小技巧。

冷藏庫是食材暫時的保管場所。雖然暫時停留在那裏，但總有一天一定會讓它們出發旅行（旅行的目的地當然是家人的胃）。我是用這樣的想法來運用冷藏庫。

我家冰箱冷藏庫最上層，將較矮的罐頭類放在無印PP整理盒裡面，方便拿取。第二層左邊是保存包。第二層下方的小抽屜是生鮮室（partial freezing），放入肉類或魚類。

上週剩下的蔬菜放入「特百惠保鮮盒（Tupperware）」。

將蔬菜直立放入冰箱門架。

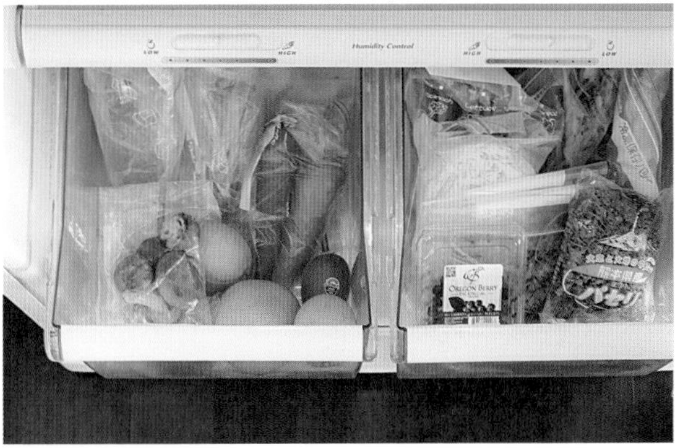

最下層的蔬菜室。左邊是舊食材，右邊是新食材。

我的私房美味「高湯」

我想應該有很多人覺得「做高湯很麻煩」。不過，實際做過就知道，做高湯的時間不過十分鐘而已。比如「昆布高湯」，將水注入放昆布的容器，放在冷藏庫一個晚上即可。所花的時間，不過是幾秒的功夫。也就是說，要不要做高湯，只在於一念之差，養成習慣而已。習慣以後，真的是不花費力氣的作業。

自己做的高湯真材實料、不含添加物，一旦舌頭習慣這樣的美味，恐怕再也回不去速食的味道。為了讓「美味」比「麻煩」更優先，請一定要讓身體習慣做高湯的作業。

高湯就是將原料的鮮味提煉出來，日式料理最常使用「柴魚昆布高湯」，是屬於「一番高湯」*。蔬菜味噌湯、燙青菜等，都是使用一番高湯。二番高湯則用在湯品、咖哩或其他熟食等等。

平常炒菜，為了口感或是防止菜燒焦，會加水去炒，高湯可以代替水的功能，如此一來味道會更濃郁。要做味噌湯時，剛好沒有柴魚昆布高湯該怎麼辦呢？秘訣是使用蜆或海瓜子等能做高湯的食材，或是和油豆腐皮等有份量感的食材加以組合。

柴魚昆布高湯一次做兩天份即可。這種高湯會不能久放，所以要在兩天內用完。如果覺得有困難，可以先冷凍起來。

我通常不會把高湯冷凍保存，但在小孩離乳食的時期，常常用製冰盒冷凍高湯。兩個冰塊的份量剛好是小孩吃的量，能活用於煮飯或蔬菜。

冷凍取出時，最好用便條紙或紙膠帶記錄高湯製作的日期。在冷凍期間，風味會一點點地流失，所以要注意儘早用完。

昆布高湯完成之後，五天內用完比較恰當。

關於柴魚片或昆布，不一定特別非得用哪裡的產品。現在我喜歡使用薩摩產的柴魚

---

*以提取高湯的方法來分類，可分為一番高湯、二番高湯等，一番高湯首先要用昆布煮水，水滾前放柴魚提味。二番高湯則是以一番高湯為基底，再次加入熱水，後加入新的柴魚提味。

片和利尻昆布。用來做高湯的昆布不必太講究外觀，一般超市購買的即可。不過，由於柴魚一削片就會開始氧化，所以儘量使用新鮮的產品，儘早使用完畢。

順帶一提，做完高湯的柴魚片和昆布，我不會立刻丟掉，而會放到保存袋累積到冷凍庫（以不超過兩週為原則），可以用來炒菜，製作常備菜（參考82頁）。這可是家庭主婦的祕密武器，有了這個，煮飯、做便當便能輕鬆許多。保存方法是稍微去除水分，放入保存袋加以冷凍就好。請務必嘗試看看。

柴魚昆布高湯

材料（易做的份量）　5×10cm昆布1片　柴魚片20g　水1公升＋熱開水500mL

做法

①鍋中放入水1公升和昆布以中火加熱。將要沸騰之際（昆布邊緣出現小泡泡），就將昆布取出。

②轉為小火，加入柴魚片攪拌。停火後直接放著直到柴魚片沉入鍋底。

③用鋪了白棉布的竹籃，過濾②（一番高湯）。

④空鍋中放回過濾後的柴魚片和昆布，注入熱水，放置五～六分鐘。用鋪了白棉布的過濾籃再次過濾（二番高湯）。

昆布高湯

材料（易做的份量）　5×10cm昆布1片　水1公升

做法

①保鮮盒中放入昆布和水，放到冷藏庫中過夜。

❶ 昆布在熱水中自由伸展。
請注意，不可以煮開。

❷ 柴魚片放過久會有雜味。
如果出現泡沫就撈掉。

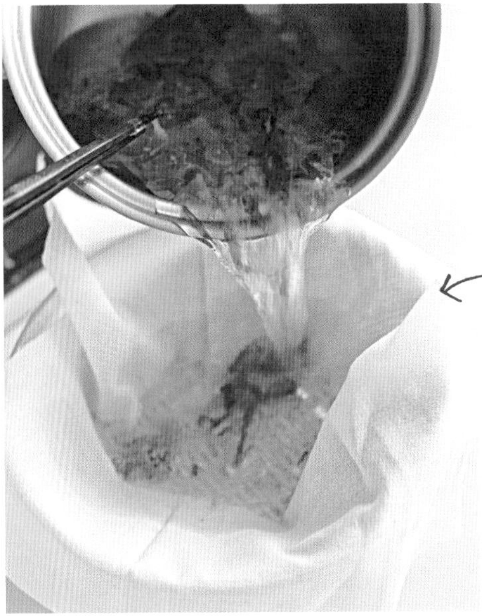

也可以用廚房紙巾
代替白棉布。

❸ 我會用「過濾籃」來過濾。
加上白棉布會更方便。

製作高湯後的副產品——柴魚片和昆布，可用來做成佃煮（佐飯的配料，味道甘甜而帶鹹）（→做法參照82頁）。

取出的高湯，待冷卻後放入「特百惠水杯」保存。左邊是製作中的昆布高湯。

用了很久的寶貝
「特百惠水杯」。

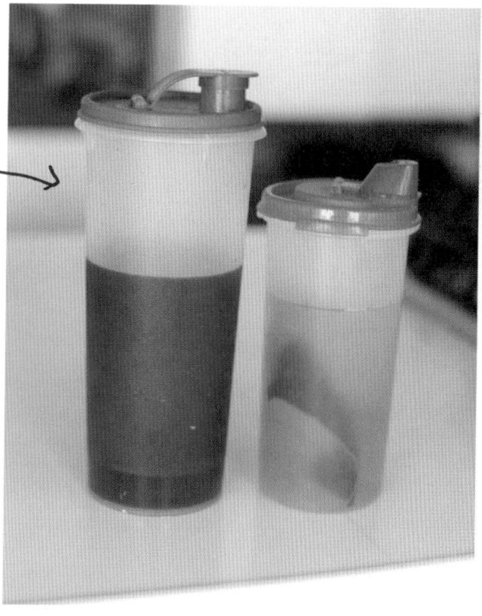

「八方醬」（左）和「醋醬」（右），也可以放到水杯裡保存。

廚房不可或缺的「決定性」調味料

想要縮短做菜的時間，「有這個就能決定味道！」擁有這種決定性調味料會方便很多。

以我來說，那就是「八方醬」和「醋醬」，這兩種調味料，只要一用完我就會重做，是我廚房裡的「常駐軍」。

八方醬是加入昆布、柴魚片乾香菇的高湯，和日式沾麵醬的材料差不多，但不只有醬油的鹹味，還充分發揮高湯的醇厚味道，很適合日式風味的調味。自己做的高湯比市售品香氣更濃郁，有著甘醇的滋味，沒有多餘添加物，好吃又安心。

食譜常常出現「醬油〇大匙、味醂〇大匙、日本酒〇小匙」，想要做出美味的料理，還要東量西量，但是，有了八方醬，能節省精細測量的手續，對我來說也能大大地縮短料理時間，不僅可以用來煮東西，還可以廣泛使用在涼拌菜、拌芝麻醬、肉類料理的調味等。舉例來說，八方醬混合韓國辣醬、磨碎芝麻，可以變成生魚片的沾醬；加入「青苦瓜什錦炒蛋」當成調味；或是變成肉丸子、咖哩、日本魚餅（薩摩揚，Satsumaage）等的隱藏風味；用水稀釋，還能用來作為蕎麥麵或烏龍麵的沾醬。

將食譜書中的「醬油」，改成八方醬，一個小小的變化，就能讓食材的味道完全不一樣。

「醋醬」是搭配高湯相得益彰的好物。因為做的時候將醋沸騰過，去除了銳利的酸味，而變得非常豐潤。可大大地運用在沙拉的沾醬或攪拌配菜，加入少許砂糖，還能作壽司醋。

我們的家晚餐，必有一道開胃的「酸味配菜」，所以有了醋醬可說是如虎添翼。將馬鈴薯切絲拌炒，浸泡加入少許魚露的醋醬；或是將胡蘿蔔、芹菜、切成棒狀的白蘿蔔等蔬菜，加入少許蜂蜜，用醋醬去醃。

不管是八方醬還是醋醬，可作為味道的基礎，再進一步加入調味料或香料、藥味等，可以變化成另一種味道。加入橄欖油就變西式，配合香麻油就變中式。也非常適合混入磨碎的芝麻或芝麻糊、柚子胡椒或日式芥末、黃芥末等，非常多元，可說是「多種風味，一次滿足」。

以我來說，這兩種調味料不僅味道好，還能自行搭配，配合自家製作的橘子醋，或是其他沾醬都很不錯。將花椰菜等蔬菜汆燙過後，直接沾醬就可以吃，可說是忙碌主婦的救世主。

存放調味料的保鮮盒或保鮮瓶，一定要用煮沸消毒的方式仔細清潔。我的方法是用大鍋煮水，沸騰之後放入容器持續煮沸五分鐘左右，再用夾子或長竹筷將容器取出，放在乾淨的紙巾上，自然乾燥。如果真的沒時間，最少也要用熱水內外沖燙，或是用抗菌、防黴效果的酒精噴霧噴一噴也可以。

八方醬（日式萬能醬汁）

材料（易做的分量）　醬油500 mL　5×10 cm昆布2片　柴魚片50 g　乾香菇3～4朵　味醂50 mL　酒100 mL

做法

①將所有材料放入鍋中，放置一晚。用小火加熱，煮沸就停火，留置在爐上冷卻。

②用過濾籃過濾①（建議可以將八方醬中使用過的昆布、柴魚片、乾香菇加醬油煮乾，做成配飯吃的佃煮，或是細切後和白飯一起蒸）。

◇可放在陰暗處保存一至二個月。

醋醬

材料（易做的份量）　米醋400 mL　5×10 cm昆布1片　酒60 mL　味醂50 mL　鹽2小匙

做法

①將所有材料放入鍋中，用小火加熱。煮沸就停火，留置在爐上冷卻。

②用過濾籃過濾①（將製作醋醬使用過的昆布細切，和白菜或白蘿蔔等一起做成醃漬物，或是切成2 cm塊狀，以180℃高溫油炸，做成脆片也很好吃）。

◇可放在冷藏庫保存兩週。

用調味料做出「家常味」

每天三餐，沒必要做成滿漢全席那麼豪華，但我會想要給家人吃最好的。

所謂的「好」，不僅是指食材，更是指調味料。使用天然原料，遵循古法，不添加多餘添加物。這種調味料，只需要一點點，就能讓食材變得更美味，刻在記憶中，久而久之會自然產生「家的味道」。

接下來介紹我喜歡的幾種調味料。

醬油是島根「井上醬油店」的「古法醬油」。醇厚度夠，鹹味不會太強烈，非常豐潤，我已經使用了兩年多。前面提到的八方醬，我也是用這個醬油製作，我們家幾乎每天都在吃這個味道。順帶一提，會造成「料理的味道一成不變」這個情況，大多是因為使用過多醬油。想要改善，最好暫時停用醬油，試著規劃、改變菜單。反之，品質佳的醬油味道豐富，即使只有少量也能入味。

日本酒是日本金澤「福光屋」的「純米料理酒」。一般超市販賣的料理酒，幾乎都會添加鹽或酒精，但這家廠商的產品沒有添加多餘物質，實在令人高興。直接飲用味道甘醇，不僅適合用來做日本料理，用於中式料理或西式料理同樣風味十足。酒類能消除食材的腥臭味，讓味道更有層次，實在非常好用。

日本酒各具特色，每一種都不錯，不過這邊還是推薦純米酒，而不是吟釀酒*。因為吟釀酒的酒精味很強，所以不適合拿來加熱做料理。

再來要介紹的是醋。因為我喜歡酸的東西，而使用了許多醋，最愛用的是日本京都「村山造醋」的「千鳥醋」。它的醋酸中帶有圓潤感，香味能與食材完全融合，近來在許多食品店都能買到。

---

*吟釀酒：使用特別酵母，進行長期低溫發酵的酒，有獨特的香氣與味道。一般不加熱飲用。

其他還有「味滋康（mizkan）」的酒粕醋「三判山吹」，味道甘甜，適合做壽司醋或涼拌醋漬類；日本岐阜「內堀釀造」的「臨醐山黑醋」，適合用來燉煮、炒菜提味；日本三重「中野商店」的「無添加糙米醋」，可用於拌和食材等，不同料理有不同的使用方式。

至於油品的種類則更多。炒菜適合用傳統製法，能品嘗芝麻原味的油品，比如日本三重「九鬼產業」的「太白純正胡麻油」和「山七純正胡麻油」這兩種油。炸油則是用日本青森「鹿北製油」的「菜花田菜籽油」，它的風味強烈，能夠消除魚類的腥臭味，有時也能用於炒菜。零膽固醇，有著清爽風味的智利安地斯產「葡萄籽油」，可用來炸蔬菜天婦羅，或用來增添日本料理的豐醇。西式餐點用的橄欖油，要加熱我是用西班牙的「Carbonell」，不加熱則使用土耳其的「Adatepe」或義大利的「Frescobaldi」。

因為工作的關係，我會準備各種不同的油品，可是，油是調味料中最無法久放的品項，若希望在油品新鮮、味道變差前就把它們用完，建議家裡準備一～兩種油品就好。

味醂是用日本愛知「角谷文治郎商店」的「三州三河味醂」，這個即使直接飲用也很好喝。我在料理時不太使用砂糖，所以用味醂來讓食材變柔軟，增加甜味，是個非常重要的調味料。

每年二月左右，我會和孩子與朋友一起製作10公斤左右的「自製味噌」，聽起來好像很多，但通常吃到夏天就告罄，秋天到冬天就得靠老家或婆婆送來救急。

我原本就會自己作味噌，所以自然而然養成自製而不買現成市售品的習慣。手作味噌的好風味，來自於使用的原料。很可惜市售味噌幾乎都是加了添加物的產品。但醬油或味醂，實在無法自己製作，所以想至少味噌要自己動手做，沒想到這個習慣一直持續到現在。

「罐頭」的實力不容小覷

在某次工作的因緣際會之下，我使用魚罐頭來製作料理，這讓我對罐頭的想法有了戲劇性的變化。以前，我一直認為罐頭是非常時期的保存食物手段，不應該用在平常的飲食。

不過，罐頭也有良心廠商，他們所做的魚罐頭是使用當季的魚類，所以非常好吃，而且營養價值高，骨頭也煮到軟透，可以直接食用，對缺乏鈣質的身體極有幫助。聽說對憂鬱或失智也有效果呢！

忙得沒時間去採購食材，但冰箱中魚、肉類卻空空如也。在這種「危急存亡之秋」，罐頭絕對能派上用場。當然，只要略施巧計，也很適合作為便當的菜色。

購買罐頭時，要注意有沒有添加化學調味料等多餘的添加物，務必看清楚產品標示和成分表。

旅行時找到的罐頭產品。

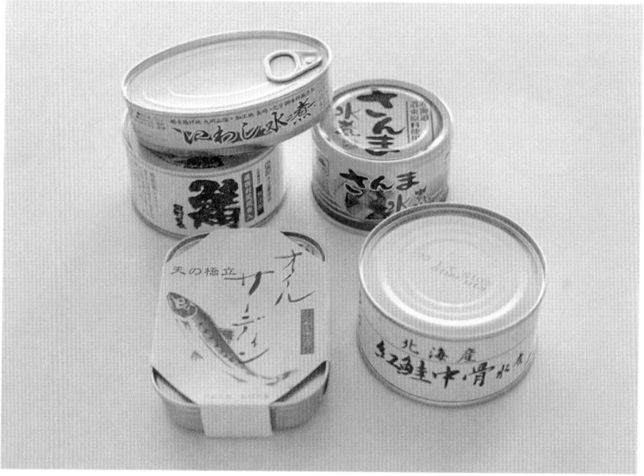

我特別推薦「竹中罐頭」的「天橋立油漬沙丁魚」，「須藤罐頭」的「水煮北海道紅鮭中骨」，以及販賣許多福井食材的「田村長」罐頭。自從2011年的三一一大地震，我家就將罐頭當作非常時期食品，常常準備好幾種在家。

將鯖魚罐頭倒入盤中，淋上黑醋2小匙，將混合花椰菜1份、蘿蔔嬰1/2份、蕎麥芽1份的配菜裝飾在魚肉上，撒上炒過的白芝麻。這道菜可吃到大量的蔬菜。

2
章

菜單發想有門道

主菜規則「一天肉、一天魚」

「不知道要怎麼設計菜單！」相信許多人都有著這個煩惱。只有一樣菜色倒還好，但是，要配合各種料理加以組合就困難許多。而且還不能和昨天，前天的菜色重複，簡直是難上加難。而且煮飯是每天都得持續做的工作。基於上述的理由，有許多讀者來信詢問：「菜單該怎麼搭配好呢？」

以我來說，決定菜單的基準是「營養」。

說來慚愧，我也是六年前生了孩子才開始這麼想。從前，我都是以「自己吃得開心就好」這種心情去煮菜。生了孩子，看著他「一眠大一寸」慢慢地成長，我才強烈意識到「我們的身體，是由每天所吃的食物所構成啊！」這個理所當然的事實。

我兒子吃得很少，所以我一直煩惱如何用很少的量，就有效率地讓他攝取到充足的營養。雖是這麼說，我自己也不知道什麼深奧的營養學知識，所以決定用容易持續又簡單的兩個規則來決定菜單。

規則一，「主菜是肉和魚交替」。

主菜的菜色，若星期一是肉，星期二就是魚，星期三是肉……像這樣，以肉和魚交替。均衡飲食的第一步是採用廣泛的食材。從這個意義來說，一開始就決定每天交換肉或魚，就不會猶豫。

一定有人會抱怨「魚料理的食譜種類很少」、「煎過魚的廚房整理起來很麻煩」等等，所以我推薦的方式是生魚片和蒸煮魚肉。

生魚片並非只沾醬油吃，而是用魚露或韓國辣醬做成無國界料理，或是和橄欖油及大量蔬菜一起加在一起，做成爽口的生菜沙拉。

在盤中鋪上蔥或其他切碎的蔬菜，再放上白肉魚，淋上白葡萄酒或日本酒，做成一道香噴噴的清蒸魚，不需要多麼高超的技術，輕輕鬆鬆就信手拈來。不但短時間就能製作完成，嘗試不同的魚料理煮法，更能享受各種可能性。

規則二，「一天一次香菇和海藻」。

平時我們三餐都會吃蔬菜，但這兩種食材卻常常會被忽略。因為含有對身體很重要的維生素和礦物質，一家三口一起吃飯的時刻，我一定會加入香菇和海藻。

香菇氣味較濃，能煮出高湯的層次感，能活用於各種地方，除之煮湯之外，還能用於增加菜色的香醇。至於海藻，我家經常準備羊棲菜、海帶、海帶芽、石蓴（sea lettuce）、海蘊（mozuku）、石花菜等乾貨。其中羊棲菜，是我們家餐桌上固定的菜色，可以和豬肉一起炒，或是和梅干一起煮，做成常備菜。石蓴則是和蛤蜊做成味噌湯，或是做一道石蓴炒蛋。海帶通常會和小黃瓜一起炒。

除了以上兩個規則，我在決定菜單時還有幾個大原則。

首先是「增加口感」，除了要柔軟的口感，還要搭配嚼勁、脆感等有嚼感的食材。再來是「不使用重複的調理法」，採用煮、煎、蒸、生食等各種調理方式，味道或口感自然就會有變化，餐桌菜色更有立體感。最後是「加入醋味菜色來轉換口味」，酸酸甜甜的食物清新爽口，有開胃的效果。

我就是以這些原則來思考每天的菜單。每當我煩惱著「高麗菜和大頭菜，要用哪一種呢？」、「配菜用的紅蘿蔔要生吃，還是炒過？」回想我的做菜規則和原則，就有了判斷的重點。

吃魚日，主菜是「照燒鰤魚配牛蒡和珍珠菇」，上面放豆苗，讓顏色、美味程度都加分。配菜是撒上大量細碎紫蘇葉的「茄子拌辣椒」，還有加入紅蘿蔔絲和蔥的「高麗菜清湯」，這樣就是簡單的兩菜一湯。味道較濃郁的主菜，搭配清爽的配菜與湯，讓味道有所變化。

吃肉日，「山椒蓮藕炒豬肉」、「蘿蔔乾切絲拌日本薑」、「冷豆腐」、「香菇海帶味噌湯」，三菜一湯。看起來很複雜，其實是運用「生薑醬油醃漬豬里肌肉」保存包和「醃漬蘿蔔乾絲」保存包（P 18）。有嚼勁的蘿蔔乾絲，搭配柔嫩的豆腐，口感更加豐富。

以三天為單位，思考菜單

接下來，我要繼續介紹設計菜單的秘訣，「不要當天才在想要煮什麼，菜單要一次想三天份」，以三天為單位，事先分配好食材，不僅更有效率，採買食材時，也用三天的份量來考慮，能夠防止買下不需要的食材。

「星期一是鮭魚、高麗菜、香菇；星期二是豬肉、南瓜、羊棲菜……」我通常會像這樣，在腦海中將食材簡單記下。

不會寫到調理法或調味，要煮得軟軟的，還是煎得脆脆的？要加醬油調味，或是清爽的酸味？這些會看當天的天氣和身體狀況變換。

以三天為單位思考，優點是能夠預先準備。

比如，今天晚餐需要半個洋蔥，在處理洋蔥時，就順便把另外半個也切絲涼拌起來，為明天的午餐做預備；在煮晚餐時順便將兩天後要用的鮭魚加味噌醃漬。如果能一次同時完成三天份的預先準備，就能大大縮短時間或功夫。

因為我是在家工作，每週都會請宅配外送食材，我自己也會出門採買兩三次，所以三天為一個單位剛剛好。但有許多人是平日要工作，只能趁週末一次買齊一週份食材。這種情形，我會建議你在紙上寫下一週的菜單（因為要記住一週份有點難），心中先有個底才不會浪費食材。蔬菜以使用的日期分裝保存，易壞的葉菜類儘早食用，肉或魚可以先醃好，或是分成小包裝冷藏、冷凍，這些準備，在採買當天就可以完成。

無論你是以三天或是一週為單位，重要的是趁著食材新鮮，不浪費地吃光光。當然，出發採買之前，一定要先確認冷藏庫的庫存，養成「物盡其用，絕不浪費」的習慣。

平日&假日的早餐

我從孩子上小學開始，每天都會榨蔬果汁給他喝。平日每天早上七點半出門，兒子卻是個吃得很少，吃飯速度也很緩慢的人。所以我會用麵包夾蛋，加上蔬果汁，讓他能攝取到充足的營養。

要讓比較小的小孩短時間一下吃進各種菜餚很不容易（日式早餐通常是白飯加各種配菜、味噌湯），所以我的早餐會以簡單的一份三明治等為主。

我發現，試著改變早餐的形式，忙碌的早晨變得輕鬆許多，因為我不必花心思做各種其他菜色，省下的時間，還能心情愉悅地預先為晚餐做準備。

蔬果汁以蘋果和紅蘿蔔為基底，加入芹菜、奇異果或香蕉等，當季能買到的蔬菜或水果切小塊，放進果汁機幾十秒鐘就搞定。偶爾也會滴入幾滴油，但基本上不加蜂蜜等糖分，而是享用食材天然的甜味。

活。

未來到底怎樣做還沒有決定，但我想看著孩子成長，實驗性地持續著這個蔬果汁生活。

平日的早餐除了剛剛提到的菜色，還有「木次乳業」的牛奶（先生和我則喝咖啡）和優格。優格灑上三種水果或水果乾，就是一份營養美味的水果優格。「早餐有牛奶和優格」是我自己從小就養成的習慣，所以現在也自然地持續著。有時候是麵包或小飯糰，有空的時候，也會用蒸籠蒸兩三種冷藏庫的蔬菜到餐桌。

平日的早餐以簡單為主，假日的早餐就能慢慢地花時間製作。用砂鍋煲飯加上味噌湯，與幾種配菜菜色，或是煮個吻仔魚梅干粥等等。有時候，我會製作小孩喜歡的法國吐司，把鍋子整個端到桌上另有一種享受樂趣。這段時間不僅是「吃東西」而已，更是家族團圓的重要時光。

不過，在我們家不會出現「大人吃煎魚，小孩吃漢堡」，類似這樣專門為小孩製作不同的菜色。自從兒子脫離離乳食，一直是一家三口吃著相同的食物。當然，一些辣味或藥膳等兒童不適合的菜色，我會放到最後才調味，但基本的料理是一樣的。

這樣的飲食習慣是我從小培養的，從小母親所煮的菜，都是以父親想吃的為主，我這樣從小看到大，也覺得這是理所當然的。所以從兒子小時候開始，我就沒有特別給他準備專用的塑膠碗盤，而是用大人也使用的陶碗或瓷碗。有花花綠綠造型的餐具，只有孩子小時候能用，所以我就不太想買過沒多久就得丟的東西。

此外，吃飯時間，小孩要依照大人的規矩，可能聽起來很嚴肅，但是為了讓小孩瞭解「我們家的風格」，我認為這是很重要的事。

成人之後我才注意到，關於我的味覺和吃東西的感性，全都承襲自母親的料理。那個重要味道的記憶，是將我塑造成「現在的我」的重要元素。作為一個忙碌的母親，可能沒辦法做許多事，但是，我想至少傳承「我們家的味道」給兒子。

楓糖法國吐司

材料（易做的份量）　法國麵包1/2根　奶油20g　A料（蛋2個　牛奶150mL　甜菜糖2小匙）　起司適量　肉桂粉少許　楓糖漿2大匙

做法

①法國麵包切成4～5cm厚度，浸泡在均勻混合的A料十五分鐘。
②平底鍋以中火加熱，放入奶油，溶化後放入①，煎到兩面焦黃。
③將②放入盤中，將起司抹在麵包上，撒上肉桂粉，再淋上楓糖漿。

用迷你蒸籠做的當季蒸蔬菜，搭配「木次乳業」的牛奶及優格。優格中放入蜜棗乾和葡萄柚。蔬果汁簡單用蘋果、紅蘿蔔、檸檬打成。貝果易有飽足感，我和兒子兩人合吃一個剛好。如果覺得不夠，會再加一道雞蛋料理。

法國吐司不僅是兒子喜歡吃，我先生也很喜歡，所以在假日出現的次數很多。蛋液中有加入少許糖，不過有控制甜度。添加上馬斯卡朋起司（mascarpone cheese），再淋上楓糖漿。牛奶與優格和平日的一樣，另外多準備一道蔬菜沙拉和泡菜。

晚餐的準備從早上開始

終於結束一天的家事和工作，開始著手準備家人的晚餐。這時如果完全「從零開始」，肯定會覺得很累，完全不想做吧。

所以我在前面提過幾次，可以先做好事前準備、製作保存包。舉例來說，前一天先將蔬菜切好，放入保鮮盒。或是將漢堡裡的洋蔥先切碎炒好，炸雞的肉先切好醃過。如果有這樣的預先準備，是不是輕鬆許多呢？假設做晚餐的進度總分是「10」，事前準備，可以讓你的進度直接從「2」或「3」起跳，看起來不多，卻對做晚餐的「感覺」有很大的差別。

「將食材切一切」這個作業，食譜上通常只有短短一兩行，看起來很容易，但實際上卻很花時間。反過來說，早點結束這項作業，心情應該能一下子輕鬆起來。不論你今天打算煮、炒或蒸，只要把食材切好，心情上就會感覺好像做好了一半，而沒有那麼辛苦了。

如果我覺得「今天工作應該會很累」，那麼我會在一大早，就先把晚餐煮湯的食材全部切好放到鍋裡，這樣到了傍晚，我只要把東西從冰箱拿出來，再打開瓦斯爐，最麻煩的燉湯就輕鬆完成。

同樣花十分鐘，但是「早上的十分鐘」和「傍晚的十分鐘」，時間的流速不同。早晨頭腦清晰，空氣也清新，即使是麻煩的家事也能心情愉快地完成。相反地，到了傍晚，累積一天的疲勞，小孩從學校回來也會讓自己心煩氣躁，有種被一堆事情追著跑的感覺。

所以，要利用早上十分鐘先做晚餐的事前處理，還是要在傍晚被追著跑呢？早上順手多做一點，可說是「關鍵的十分鐘」呢！

早上開始做些晚餐的準備，並運用保存包。晚餐的準備就不是從零開始，而是從「2」或「3」開始，自然就變得輕鬆多了。

掌握基本的料理之道

怎樣才算是「擁有一手好廚藝」呢？能做出豪華的宴會料理？還是要有許多口袋菜單？當然這些都很重要，但對我來說，首先最重要的是確實做好「基本」。

舉例來說，日本燉煮類的代表料理「馬鈴薯燉肉」。若能把這道料理做到盡善盡美，確實瞭解「燉煮」這種調理法的「訣竅」，那麼其他的燉煮料理也能有效應用。像是火侯的掌控、食材的切法、加入調味料的時機……這些小地方，只要抓到重點，烹飪技巧一定能連升三級。

同樣地，對於「煎炒類料理」、「油炸類料理」，掌握其中的竅門，那麼以後什麼都難不倒你。

具體來加以講解。首先是燉煮類的代表選手「馬鈴薯燉肉」。（詳細食譜請見66頁）

烹飪這道料理最常聽到的煩惱是「馬鈴薯只有表面變成茶色，裡面卻沒有入味」。會造成這個情況，是因為食材還沒加熱完全就加入鹽分，鹽所造成的「滲透壓」，使味道無法滲透進去。先用高湯將食材煮軟，才能加鹽。請務必遵照這個順序。這個道理適用於所有的燉煮類料理。

進一步來看，比起「沸騰」狀態，「停火等待冷卻」才是食材開始入味的時刻，所以如果時間充足，先暫時讓料理冷卻，待要吃時再加熱會比較好。還有另一個小細節，為了讓味道能均勻，馬鈴薯請統一切成相同大小。

接著是煎炒類料理，代表菜是「炒豆芽菜」。

豆芽是水分很多的蔬菜，所以常碰到的問題是「炒的時候水漸漸跑出來，做好以後整盤都是水」。基本上，蔬菜調味後會立刻出水，所以調味前要確實地將蔬菜和油拌勻，調味後迅速關火，趕快趁熱裝盤。

以豆芽來說，脆脆的口感是它本身的優點，所以炒的時間大概只要一分鐘。其他的炒蔬菜，為了不要變成水水的，也是先用油炒好，讓蔬菜本身的水分揮發，引出甘甜味之後再調味。請不要忘記這個調味的順序和時機。

最後要介紹「炸雞塊」。

如果炸得太快，中間會沒熟；相反如果炸太久，會讓周圍焦掉，或是不夠酥脆。油炸料理的重點在於火候的增減變化。將肉放入炸油後，一開始先用中火加熱炸熟，翻過面後漸漸地加大火，最後用高溫結束，這樣才會酥脆。

這個炸的方法，理論上對薯條、甜不辣、豬排等都適用，但由於食材不同，究竟要花多久才是完美狀態，還需要經驗累積。

另外，山菜天婦羅、炸蝦、炸茄子等，秘訣是直接以中火去炸。雖然是相同的炸物，不同的火侯、加熱方法也能料理出不同的風味。

順便說明油炸料理要加上「麵衣」的理由，是要將食材的美味封閉起來，為了讓口感更好。

我通常用低筋麵粉和太白粉各半的比例，低筋麵粉負責「柔軟度」，太白粉則負責「爽脆度」。透過兩者的結合，炸雞塊能保持外皮薄脆，裡面柔嫩多汁的口感。

先從這三種料理下手，試著多練習幾次看看，相信你一定可以抓到訣竅「沒錯！就是這樣！」這麼一來，你的料理經驗值就會迅速成長囉！

「馬鈴薯燉肉」做法

材料（易做的份量）
牛肉片　300g
洋蔥　2個
馬鈴薯　4個
蒟蒻絲　100 g
A料｜柴魚昆布高湯　400 mL
　　｜味醂　3大匙　酒　2大匙
醬油　2大匙
鹽　適量
胡椒　少許
香麻油　1小匙
山芹　1束

馬鈴薯燉肉完成品，最上面放山芹裝飾即可。

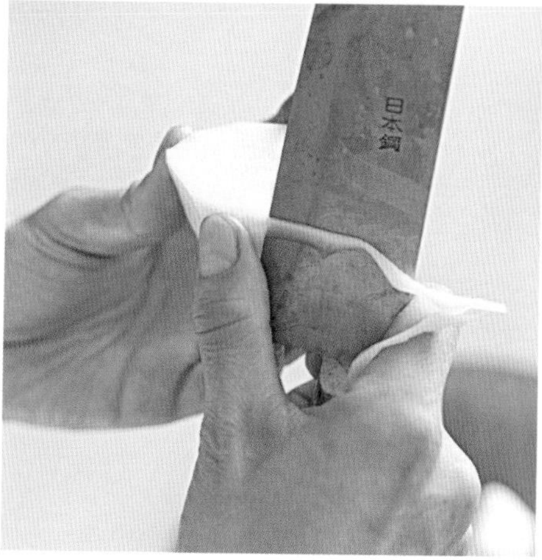

❶ 牛肉放鹽、胡椒調味。洋蔥切成六等分，馬鈴薯斜切成兩等分（切斜角可以防止糊掉，也防止湯汁過稠）。蒟蒻絲稍微汆燙過就撈起放涼。

❷ 鍋子裡倒入香麻油以中火加熱，放入牛肉片，用木杓拌炒讓肉不會煎得太碎，煎到稍微有點焦，將牛肉暫時先取出放在旁邊的盤子上，利用牛肉煮出的油脂拌炒洋蔥和馬鈴薯。全部都沾到油，再放入A料，把泡沫撈掉以後，蓋上鍋蓋用小火悶煮八分鐘左右。

❸ 牛肉放回鍋中，將蒟蒻絲放在遠離牛肉的另一邊（因為蒟蒻絲含有讓肉類變硬的石灰成分），加入醬油和鹽煮六分鐘左右，關火，將鍋子留在爐上放冷。加入調味料以後要特別注意不要煮滾，否則味道會變混濁。

「炒豆芽」做法

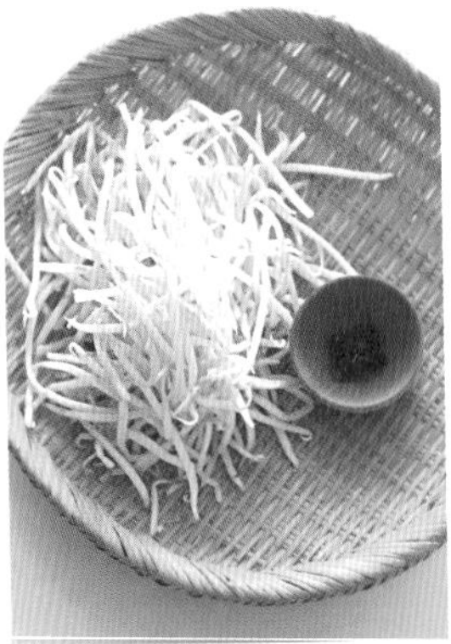

材料（易做的分量）
豆芽　1袋
紅辣椒　1/2根
鹽　1/2小匙
香麻油　2小匙

完成的炒豆芽，趁熱食用。

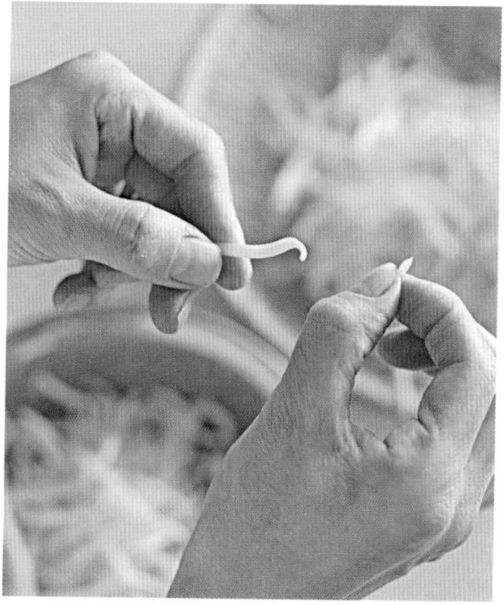

❶ 仔細地摘掉豆芽的鬚根（保留鬚根會出現雜味），用水清洗，用濾水籃將水分濾掉。紅辣椒去除柄和辣椒籽，切小塊。

❷ 炒菜鍋中加入香麻油和紅辣椒，用大火加熱。鍋熱後一口氣放入豆芽。用長竹筷迅速攪拌，大約炒三十秒左右。

❸ 起鍋前才撒鹽，稍微攪拌，馬上關火。如果這時炒過頭，豆芽本身的水分會跑出來，爽脆的口感就會消失。

「炸雞塊」做法

材料（易做的分量）

雞腿肉（無皮）　500 g

生薑　2片

A料
- 醬油　1大匙
- 味醂　1大匙　酒　1大匙
- 鹽　1/3小匙

低筋麵粉　2大匙

蛋　1個

太白粉　4～5大匙

檸檬　1/2個

香草　適量

炸油　適量

炸雞塊完成品，把切成一口大小的香草和檸檬塊放在旁邊。

❶ 雞肉切成一口大小，生薑磨碎，放到大碗裡，把A料倒進去一起用手搓揉，放置約十五分鐘。如此一來就能充分入味。不想把手弄髒，也可以將食材全部放到塑膠袋裡，隔著袋子揉搓。

❷ 加入低筋麵粉和打散的蛋到①，均勻混合。用另一個盤子裝太白粉，均勻裹住雞肉。

❸ 油倒入鍋中以中火加熱，直到下方慢慢有氣泡浮出，放入裹好太白粉的雞塊。炸三到四分鐘，到表面呈現薄金黃色，翻面用中強火讓溫度上升，炸到全部變成深金黃色即可。

「自己的食譜筆記」自己做

前面說過，我的工作和做菜有關，所以我習慣將食譜記錄下來，變成專屬自己的「食譜筆記」，已經持續七年左右。

雖說是食譜筆記，但並不是那種圖文並茂的豪華筆記，我只是用「IKEA」或「MOLESKINE」的A5尺寸筆記本，記錄每天三餐的食材和分量，以及「切細一點更容易加熱」、「蓋上鍋蓋強火五分鐘」等重點而已。之後若有變更分量，我會用鉛筆重新記錄，如果有空，我還會用數位相機照相再印出來，貼在筆記上。

經過幾年，重新再看這本「食譜筆記」，常常會有感嘆：「原來那一年流行這個食材」、「這好像是某某風味料理」，彷彿從中窺伺到當年的自己。而且，每當我煩惱菜單，不知該煮什麼的時候，只要翻閱這本筆記，就能立刻得到靈感。

參考雜誌或書籍所作的料理，我同樣會一一記下，久而久之，我能馬上知道「要加多少鹽」、「能不能加入其他食材」，進而創造出一個新的食譜。此外，用兩人份的食譜烹煮四人份的量，調味料並非單純地增加兩倍，而是得各自調整。

有時候，在外面餐廳吃到好吃的料理，我也會以一個固定的格式記錄下來。不可思議地，用手寫過一次再做料理，比起只是看著書上的數字，更容易記到腦中。我自己很喜歡寫作，看著筆記累積也是種樂趣，而且還能讓廚藝愈來愈進步。

APIKA（品牌名稱）的「10年日記」，同樣是我的珍貴筆記之一。

一開始的契機是小孩的出生，簡單地持續記錄了當天發生的事，或是吃的東西，做的料理，育兒的發現或反省等。一天大概都只有幾行，負擔少也容易持續，現在已經是第六年。

「離乳食吃了這種東西」、「感冒時讓他喝○○」，孩子到底吃什麼東西長大，不舒服時是怎麼處理，大小事都能回顧。

除了吃的東西，也記錄「已經會爬竿子了」、「已經能自己向別人打招呼了」，我時常會用懷念的心情重讀這些筆記。

10年日記的好處，是同一個日期都在同一頁，一頁可同時看見10年的變化。一邊寫，一邊看著一年前的今天、兩年前的今天……，相同的季節裡吃了什麼食物，身體狀況如何，這幾年有怎樣的變化，彷彿看到自己每天努力的軌跡。

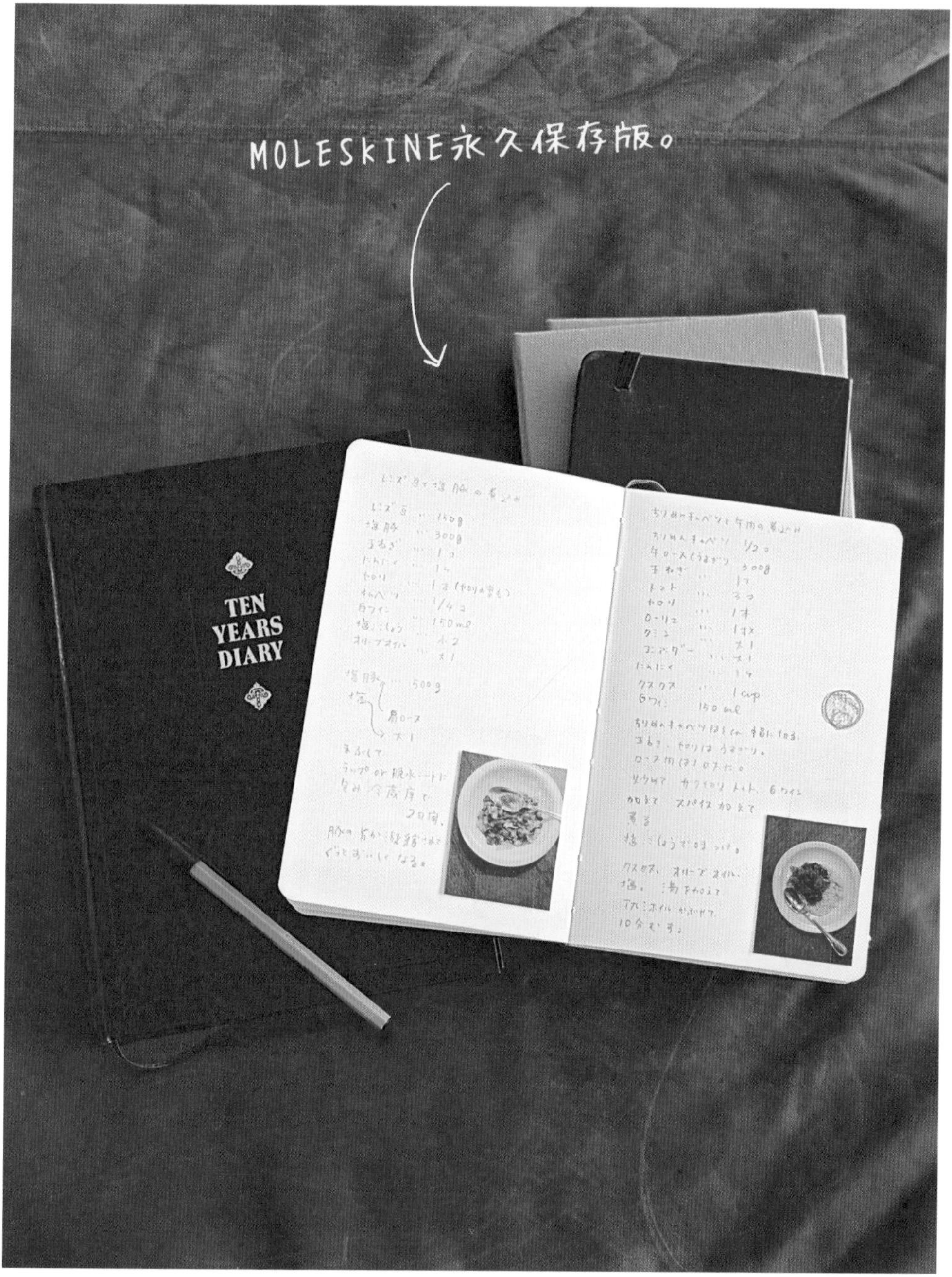

在餐廳用餐的時候，吃到讓我感動直呼「好好吃！」我會試著自己在家重現這道菜的味道，也會在筆記本中記錄材料和分量。

讓做便當「變得有樂趣」

兒子上幼稚園的那三年，我天天過著被便當追著跑的日子。雖然我從事料理的工作，做菜本身對我來說並不是那麼困難，但是天天抱頭苦思「該如何讓吃得很少的兒子，能夠確實地攝取到營養？」實在很頭疼。還記得當時每次兒子回到家，打開便當盒是我最緊張的時刻，看到有剩菜真想搖頭嘆氣，看到吃光光則是鬆一口氣。

不過有一天，幼稚園老師告訴我：「今天他非常高興自己全部都吃完了呢！」我才意識到「原來，讓小孩自己感到『我吃完了！』這個成感很重要。」於是我重新思考，決定只要用早晚在家的兩餐來補充營養，便當就讓孩子快樂地享受。

兒子最喜歡的「炸雞塊」，在晚餐時稍微多做一些，有時候拿來做便當，有時候捲上海苔變成飯捲。量不要太多或太少，以能吃光光的量為主。

從此之後，我發現便當全部吃完的日子漸漸增加，我自己也有了做便當的樂趣，形成良好循環。為了持續下去，享受樂趣非常重要。

小孩從幼稚園畢業，進入小學。小學有提供營養午餐，所以暫時停止做便當的日子。不過現在偶爾仍會在早上為先生（先生的事務所也在家裡）和自己做便當。

有時候我在家裡有攝影工作，白天要使用廚房和客廳，先生就得在工作間吃午餐。或者是我自己很忙，沒有時間做午餐。這時就是「家庭便當」上場的最佳時機。

便當的好處是能預先做好，還有不必洗一堆餐具的便利性。能夠在早餐時順便準備，所以也能節省時間。只是把菜餚放入便當盒，美味卻不會流失，實在是不可思議。

從享受的觀點來說，我一直很注意「便當的季節感」。

春天就是嫩竹筍飯、馬鈴薯、紅蘿蔔等菜色。夏天則是爽口醋飯大活躍的季節（同時有殺菌的效果），可以做成豆皮壽司，也常做拌飯。秋天時加入香菇的炊飯，享用肥美的秋鮭。銀杏是先生喜歡的食物，加在晚餐時先拿一些起來，隔天就能拿來做便當，或是加到菜餚裡。至於冬天，可以大量使用因寒冷增加甜味的白蘿蔔或葉菜，做出深具滋味的便當。我希望能在便當中積極地加入當季才能品嘗到的鮮味。

為了能持續享受便當生活，也要注重形狀。選擇小孩喜歡的造型便當盒也未嘗不可，但以我來說，我喜歡雪松木便當或是塗繪的便當盒，以前還曾想過「對小孩會不會有點太成熟？」可是兒子並不排斥，仍然愉快地用著便當。若是給自己的便當，我會用喜歡的包巾或印花手帕等，試著增加午餐時間的色彩，這樣也不錯。

這些都是我愛用的各種便當盒，有：「柴田慶信商店」雪松木便當（Magewappa）、耐酸鋁的便當盒、塗繪便當盒。包裝則是常用「LIBECO」或「MARGARET HOWELL」包巾。

「不想煮飯的日子」這樣做

平常，料理對我來說是消除壓力的方法，但有時我也會有「今天不想做菜」的日子。實在是懶得出門，卻又不想叫外賣，這時候該怎麼辦呢？

這種懶洋洋的時候，我最常做的，就是用一個鍋子就能完成的料理。例如切各種蔬菜，然後和肉一起放入厚底鍋燉煮，或者是將剩下的蔬菜全部切好煮湯。

我在第61頁有提到過，如果預感「今天的工作結束後，大概沒力氣煮飯」，我會預先在早上將材料切好放入鍋中，這樣晚上「只要開火加熱」就可以吃。這種事先準備好的安心感，讓我不會在工作之餘，還要分心想著「等等還要煮晚餐，好煩……」。

甚至，偶爾還會有「連菜刀都不想拿」的日子，這時的晚餐就會只有簡單煮好的白飯。我認為「只要能好好地吃米飯，人類就會自動復原」，因此只要煮好飯，搭配冰箱裡的各種常備菜即可。如此簡單的菜色，深感疲憊的身體就能滲入能量，「啊——明天開始又能充滿活力」，實在很不可思議。

順帶一提，配飯的常備菜大多是利用做高湯剩下的柴魚片或昆布製成。這些小菜也很適合裝便當，而且不用花費心力。

我用的米，是日本島根縣產，無農藥栽種的越光米種的糙米。我們家交替食用糙米和白米，白米會在要吃的時候才製成精米。我自己有精米機，能選擇五分精米（將營養成分高的糙米的米糠部分剩下一半）、七分精米（米糠剩下三成）。精米機是選用「山本電氣」道場六三郎先生所監製的機型，體積小不佔地方，精米只需要兩分鐘就製作完成。

精米聽起來好像很麻煩，但只要能變成習慣，其實只是一下子的事。

柴魚片佃煮

材料（易做的分量）　製完高湯剩下的柴魚片2杯　A料（味醂3大匙　酒2大匙）　B料（松子30g　醬油1大匙　鹽1小匙）

做法

①鍋中放入柴魚片和A料，小火加熱。用木杓撥碎柴魚片，翻煮到沒有水分為止。

②加入B料，炒到全都拌勻為止，注意不要炒焦。

昆布佃煮

材料（易做的分量）　製完高湯剩下的昆布400g　A料（味醂100mL　酒50mL　醋2大匙）　醬油100mL

做法

①將昆布切成3cm的塊狀。

②鍋中放入①、A料、水400mL，中火加熱，蓋上鍋蓋煮十五分鐘左右。

③加入醬油，轉小火，蓋上鍋蓋再煮三十分鐘即可。

早上煮好白飯，移放到木製飯桶，能保存到晚上。冬天可重新蒸過，夏天則可直接食用。比直接放在電鍋裡面，絕對更好吃。木製飯桶是「桶榮」的製品。

每餐的花費

家裡的餐費，每個月有固定的金額預算，我在工作時也常要買食材，也許有人會問「不會和工作用的錢混在一起嗎？」其實我們家有餐費專用的銀行帳號，所以剩下多少一目了然。一到月底就得和剩下的金額大眼瞪小眼，買個東西都要錙銖必較，想老半天。

不過在有限的餐費當中，有一項是我非常堅持，「只有這個絕對不小氣」的東西，就是米和調味料。對我來說，這兩樣是飲食生活最基本的項目。

基本食材我通常利用「地球人俱樂部」，這是日本一個有機、低農藥蔬菜和無添加食品的宅配服務，每週固定採買一次。另外，我每週也會外出到住家附近的商店去買缺少的食材。

我對於吃的東西想法很簡單。因為想吃美味的東西，所以想買好吃的食材。我選擇有機食材，除了「安全、安心」這個理由，味道比較好吃也是一大重點。

有機食材可以連皮帶根食用，必須捨棄的部分很少，可能是養得很好，還能放過夜、不容易壞。易於食用，且完全不會浪費，買的時候或許會覺得價格偏高，但相反地其實很經濟實惠。

所謂「食之當令」，蔬菜或魚，我會儘量選擇當季的食材。當季產量多，價格相對便宜，營養價值也高。因為工作關係，我多少還是必須買非當季的食材，不過自家吃的東西，我會選擇經濟實惠的當季食材，不會特地花大錢去買非當季的食材。

請謹記，不要浪費，確實掌握冰箱裡現有的食材，用心烹調買來的食物，全都進入家人的胃袋。以結果來說，「不浪費一絲一毫」的態度，自然能節省不少餐費。

不使用雞湯塊和雞粉

我不用「雞湯塊」、「雞粉」、「高湯塊」等市面上的速食調理包。雖然我知道在忙碌的時候，這些產品非常方便，可是卻會讓每一道料理都變成「相同的味道」，我覺得實在很無趣。

化學調味料在一入口的瞬間很有震撼力，不過也是「容易厭倦的味道」。相反地，萃取自天然食材的湯汁或高湯，就很不可思議地，每天吃都不會膩。

提到高湯，有很多人第一個想到的就是雞湯、牛腱湯，或豬大骨湯等等，以動物骨頭熬製而成，但也有以蘿蔔熬成的蘿蔔湯、以洋蔥熬煮而成的洋蔥湯，不同蔬菜有不同的風味。品嘗食材本身的原味，或是當天當時的高湯美味，是料理的一種樂趣，如果用速食品取代，樂趣就減半。

日式高湯相對容易，但西式或中式高湯較為複雜。這個時候，只要搭配「容易熬煮高湯的食材」和「容易配對的組合」就很方便。

以西式高湯來說，「雞肉＋白葡萄酒＋月桂葉」是最常見的組合。用剩下的葡萄酒，或是超商的便宜葡萄酒，都能做出非常好喝的高湯。雞肉可以用香腸或培根代替，用海鮮類也很不錯，為了抑制腥味加入白葡萄酒，也請別忘了加些香草類食材。我經常會加迷迭香（Rosemary）、奧勒岡（Oregano），或是普羅旺斯香草（herbs de Provence）調味。

中式高湯，常用的搭配是「蝦米、乾香菇、干貝等乾貨＋紹興酒」。濃縮甘美味的乾貨類，加上紹興酒的濃醇，兩者加起來相得益彰。除了用在中式料理，干貝、蛤蜊或生香菇，也能煮出不錯的湯汁，做為中式調味非常合適。

如果是雞肉、豬肉等動物性食材，選一種就夠了；若是蔬菜類，最好是兩三種一起搭配。

相同食材的不同做法，菜色多變化

常常聽到有人煩惱「上桌的菜色看起來都一樣」。天天做飯的人，很容易因為一直使用當季食材，使菜色看起來重複，調味也變得一成不變。為了讓菜色多一點變化，只好使用即食調理包。這些人共同的特點就是「料理＝調味」這種意識非常強。不如試著擴展思考方式如何？

舉例來說，「馬鈴薯、橄欖油、鹽」這個簡單的組合，根據不同調理方式，炒、蒸、烤，會產生各自不同的滋味。炒菜的特色是香，蒸煮則可以嘗到鬆軟口感，烤的則是外皮酥脆內餡柔軟。雖然是用同樣的「馬鈴薯、橄欖油、鹽」為材料，但卻能視為「不同料理」。

在決定料理方式前，你可以根據當天的身體感覺或家人的喜好去聯想，比如，「今天想吃辣一點，就用炒的加入咖哩粉或辣椒看看」；「今天想吃清淡些，用蒸煮方式加入洋蔥的甜味吧」，諸如此類去做調整。

另外，改變蔬菜的切法也會讓味道有所變化。比如蓮藕，是要切薄片、縱切留下嚼勁、或是要切碎？光是切法不同，就能讓人覺得「真的是同一種蔬菜嗎？」食感產生變化，能為料理創造完全不同的印象。

接下來介紹的兩種料理，主要材料都是「紅蘿蔔、鹽、橄欖油」，但是吃起來感覺卻完全不同。切成細絲狀醃製的「醃蘿蔔絲」，魅力在於爽脆的口感；切圓塊小火慢燉的「橄欖油煮蘿蔔」，更加凸顯紅蘿蔔的清爽甜味。

擴展料理的方法，除了調味還有許多方式。首先試看看改變烹調方式和食材的切法，讓餐桌上有更多驚喜吧！

醃紅蘿蔔絲

材料（易做的分量） 紅蘿蔔1根 鹽1/2小匙 A料（白酒醋white wine vinegar或醋2小匙 甜菜糖1小撮 鹽少許） 橄欖油2小匙 粗磨黑胡椒少許

做法

①紅蘿蔔切絲，灑上鹽，輕輕攪拌，放置十分鐘左右，將水濾掉。

②將①放入盆中，並放入A料加以攪拌，接著加入橄欖油，稍微攪拌一下即可。盛放到適當容器中，再撒上自己喜歡的黑胡椒量。

橄欖油煮紅蘿蔔

材料（易做的分量） 紅蘿蔔1根 大蒜1/2塊 A料（水350mL 白酒1大匙 鹽1/2小匙 月桂葉1片） B料（橄欖油2小匙 黑粒胡椒少許）

做法

①將紅蘿蔔切成1cm厚的圓片，大蒜用菜刀輕輕拍碎。

②鍋中放入①、A料，以中火加熱，煮開後轉為小火，蓋上鍋蓋再煮十分鐘左右。待紅蘿蔔變軟，加入B料關火。

3 章

廚房用具與動線配置

廚房用具位置不必固定

收納的訣竅，其中一項重點在「決定物品的擺放位置」。

以我來說，我的確會決定物品的固定位置，但是，在每次使用的同時，我會思考「可以再多下一些工夫嗎？」、「有沒有更好的方法呢？」以現在這個時期、現在這個環境，最方便使用的方式為主，不會永遠固定擺放，而是會時常更新，這已經成為我的習慣。

以碗盤的收納為例，在工作上我經常得拍攝料理照片，因此擁有各式各樣的碗盤，這些碗盤我並非擺在廚房周圍的架子上，而是收納在客廳有門板的食器櫃裡面。不過，為了方便起見，每天早餐全家三人所用的的碗盤，我會特別拿出來，放在瓦斯爐後面的抽屜架，為了縮短取出的時間，這個抽屜架設置於我一轉身，伸手就能拿到的距離。晚餐可以用悠閒的心情選擇碗盤，可是匆忙的早晨，每天都用一樣的碗盤就行了。

另外，客人用的湯碗，則是放在冰箱旁邊架子上的竹籃裡。不拘小節的朋友們來家中做客，可以自由取用。小盤子類也收放在竹籃旁的桐木盒箱中。

客廳食器櫃中的碗盤，一年大概有兩次左右的「大搬家」，偶爾也會微調位置，最近喜歡的碗盤放前面，最近不太常用到的碗盤放後面。非常不可思議的是，稍微變換放置場所，架上的空氣彷彿也跟著改變，使用時的心情都有所不同。

猛然一看塞得滿滿的食器櫃，其實含有我自己專屬的小縫隙，讓後面的物品也能簡單拿出。由於櫃板是可移動的，能依必要上下移動。

如果櫃子裡有多餘的空間，思考怎樣能讓它更有效率地循環，是我今後的課題。

廚房可說是一級戰區，廚房的碗盤架自然已經各自滿滿地收納了許多東西，不過，我還是會特別保留一個「什麼都不放」的空間，讓我在廚房能順暢地到處活動。

以我的廚房來說，流理台背面的開放架，就是「什麼都不放」的空間。比如工作要進行料理書的攝影，一天要做數十道料理，此時，乾淨的開放架就能夠暫放食材或其他雜物，這樣就不會佔用到流理台的空間。

關於碗盤的收納，我仍在嘗試中，其他的物品也是一樣。自從我搬到現在這個家，真的是花了不少時間，才決定好物品各自的固定位置。「暫時先放在那裡試試看，如果用起來不方便，就重新變動位置。」一重複這個動作，到大致決定各個物品的擺放場所，結果已經差不多過一年。

即使花這麼久的時間來決定物品的居住場所，我卻覺得是很不錯的一件事，每當我環顧家中，心裡就會油然生起一股滿足感，原來「我的家」就是由這些瑣碎的小事堆積成的。

開放架大多空著，不擺放多餘的雜物。

早餐用的碗盤組。木盤為渡邊浩幸先生的作品。

保鮮盒類放在開放架下面的櫃子。

放在竹籃裡的湯碗，還有放在桐木箱裡的小碟子。

食器櫃的收納以材質分類

我把大部分的杯盤器皿都收納在客廳的食器櫃。這個櫃子，是還沒搬家之前，請「monokraft」的清水徹先生做的，材質是胡桃木（Walnut）。原本是更深的色調，不過經過日曬，黃色調變得比較明顯，感覺很適合我家的氣氛，所以我更喜歡現在這個色調。由於當時還不知道新家會有多大的空間，所以製作的時候請師傅做成左中右三等份，很幸運地，新房的客廳幾乎是一樣大小。

食器的收納基本上是用「材質區隔」。中間的門板打開，收藏有平常使用頻率高的淺盤類。還有陶器、磁器、西式餐盤、日式餐盤，顏色幾乎全是白色。茶壺也一起放在這裡。右邊擺放大盤碟，還有木製品或漆器。左邊的門裡則是收納玻璃器皿和染繪器具、片口器具、還有便當盒等。

用材質作區隔，看起來會很清爽，收納位置一目了然。若拜託家人「幫我拿那個器皿」時，放置位置很明顯，容易找到。

我的父母也是這麼收納食器，而且還分成「客人用」和「平常用」。不過，由於不是天天會有客人拜訪。所以我會購買平日也能用，接待客人時也能用的碗盤，而不特別分類。

如果有人問我「哪一種食器比較方便？」我大多還是會回答「白色器皿」。白色是最基本的顏色，任何料理都能突顯搭配，是具有包容力的色彩。雖然都是白色，但外形不同也能讓人耳目一新，比如能讓餐桌產生變化的花瓣盤，可以湊齊個數的商業用白磁洋盤、不論裝什麼都可以的圓盤，都是方便又美觀的器皿。

使用頻率最高的淺盤放在食器櫃中間。

食器櫃右邊是塗漆器皿或大盤子。

食器櫃左邊則放玻璃器皿。其他餐具也放在此處。

照片左上的花瓣盤是伊藤聰信先生的作品，右上橢圓盤是安藤雅信先生的作品。下方工作用的白瓷洋盤是義大利Saturnia產品。

菜刀和砧板怎麼挑

購買廚房器具是件很快樂的事。想像著哪一種器具「可以做拉花」、「可以煎蛋捲」，拿到手裡時就會有自己的技術更上層樓的感覺，實在讓人省躍不已。

我在二十歲左右時，也曾嘗試購買各種器具。電動開罐器、卡布其諾的打泡機、有著各種刀刃的削皮刀……，剛買的時候很認真地用了一陣子，不過說也奇怪，沒多久之後就全部打入冷宮，不知何時開始再也沒重見天日。各位的廚房裡是不是也有著一兩件類似這樣被遺忘沉眠底層的器具呢？

我因為工作的關係，擁有相當大量的廚房器具，但實際上對我來說，廚房器具只要有「好菜刀、砧板，還有鍋子」就足夠了。聽起來有點極端，但我能斷言，與其買各式各樣不太好用的器具，還不如多花一點錢，買一把能終生使用的好菜刀，更加物超所值。

偶爾朋友來我家玩，參觀廚房試用菜刀時，都會驚訝地讚嘆「可以切絲切得好細耶！」這是真的，好切的刀能調整切絲的寬度。而且做好的菜特別漂亮，光是這樣，就讓能做菜的心情變好。

好菜刀的特徵是拿起來感覺有點重量。最近有許多輕巧的菜刀，不過刀子有點重量的好處是切菜不需要特別出力，也能順利下刀，啪地切開。不會像切不開的菜刀一樣，得花很大力氣壓著刀子切菜，也不容易傷害到食材。

我用過許多種類的菜刀，主要在用的是日本東京龜戶的菜刀店「吉實」，所製的鋼製菜刀。鋼製品如果沾到水之後放著不管就會生鏽，所以比起不鏽鋼，更需要小心保養，但鋼製菜刀不論是硬度或重量都很剛好，是把有力的好刀。

不管鋼製或不銹鋼製，為了讓刀能隨時保持最佳狀態，必須勤做保養。除了每週一次自己用砥石研磨，我每年還會將它送去給專家研磨。

研磨的方法，是我在大約五年前，從京都老菜刀店「有次」所舉辦的「研磨教室」學習到。雖然只是一些小技巧，像是拉回時不要出力，放刀的角度等，但仍是很好的經驗。我也推薦去一些稍具規模的百貨店，展場就會有專門人員，可以請教他們研磨的方法，或是詢問之後選一把適合自己的菜刀。

我愛用的砧板，是舊家附近百貨公司舉辦的青森物產展找到，羅漢柏材質的圓形砧板。我喜歡它和菜刀互相接觸時的感覺，而且尺寸小，易清洗，切好材料後，可以直接拿起來倒入鍋子，方便輕巧（用大砧板，得先將切好的食材放到小砧板或小碗，再放入鍋中，多一道工夫）。小砧板的小缺點，是要切長蔥或牛蒡等長條的蔬菜時就會超出砧板，但這點也很好解決，先把蔬菜對半切就好。

天然木材的砧板，在下刀時非常俐落，好像食材跟砧板是緊密結合的，切的時候也不會歪掉。至於砧板的形狀與材質，到底是要長方形的？正方形的？或是像我一樣用圓形的（中國的砧板大多是圓形）？用檜木做的好？還是銀杏木做的好？關於砧板的「易用性」，每個人有各自的喜好，我覺得選自己容易使用的最好。

用鋼絲刷洗砧板再放著晾乾，是基本的清潔方式。菜刀切菜造成的溝痕，裡面容易藏汙納垢，鋼絲刷比海綿更容易去除那些汙垢。我有時會把砧板拿去曬曬太陽，順便殺菌。

若我覺得砧板「表面起毛刺，不夠平滑」，就會用紙砂紙保養，頻率大約是一個月一次。先用粗砂紙磨掉表面的凹凸不平，再用１０００號左右的細砂紙繼續加工。表裡各磨過一次約只要五分鐘。

另外，砧板也能像菜刀一樣，送回去給製造廠商「重新削過」，因為是用刨刀削，所以板子的厚度會愈來愈薄。因此大約兩到三年才會送回去重削，但送回來時會像是新買的一樣，心情也變得很清爽。

擁有好菜刀和砧板，不只是暫時，而是能長久地使用，料理技巧的確能顯著提升。不論是一個人住，或是結婚夫妻，展開新生活的同時，與其準備各式各樣的廚房器具，不如先入手一把好切的菜刀和砧板吧！

集中精神
有節奏地研磨！

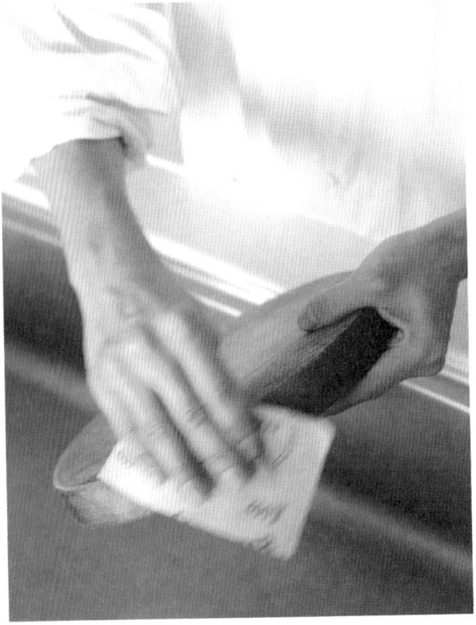

使用磨砂紙不要用力，儘量輕輕刷過，像撫摸般就好。砧板側邊容易長黑斑，要特別用心。

用來研磨菜刀的砥石，要先泡水一小時以上，讓水分完全滲入石中。

這個砧板用了七年左右，菜刀則是用了近五年。各有一番味道。

鍋子，從想做的料理來選

我認為廚房器具不必多，對於鍋子，其實我也很想說「只要有一個終極煮鍋就夠了」，但卻沒辦法，這正是鍋子的獨特之處。使用不同的鍋子所做出的得意料理會不一樣。我雖然也擁有數量眾多的鍋子，但卻沒有任何一個鍋子是「被封藏」的，每種鍋子各自有「非它不可」的理由。不過，鍋子的確有些笨重，千萬不要一口氣買很多個，趁著搬家或是家人聚會的時機，好好斟酌，慢慢買齊會比較妥當。以下就介紹幾個我的愛用鍋給各位參考。

我用的是「唯他鍋（VitaCraft）」直徑28公分和20公分的不鏽鋼鍋。我母親也是使用這個鍋子，好像在我幼稚園時就把全系列都買齊。那些鍋子歷經三十年直到今日，仍然堅守崗位。自從一個人獨立生活，我最先買的也是這個鍋子，可以做無水料理，還有熱傳導佳等優點為人所知。

比較大的鍋子我會拿來當做義大利麵鍋，年底年初用來煮高湯、或是燉煮料理，放入蒸板還能做茶碗蒸。小鍋子則是常備料理不可或缺的存在，用來做小分量的燉肉、羊棲菜或切絲蘿蔔等。

「唯他鍋」這種歷史長久的廠商，如果收集它的系列產品，在收納時也會有統一感，保養起來會比較容易。

提到母親使用的鍋子，還有一種是「無水鍋」。那是一九五〇年代日本生產的鋁合金鑄造厚鍋，利用食品本身所含的水分就能加熱（可以無水調理），所以燙青菜一定會使用這個鍋子，還有做炊飯或抓飯（Pilaf）*也很有用。它的蓋子能拿來當作炒鍋，所以我會用鍋蓋炒豆腐或麵，用鍋子做餡羹，變成美味的餡羹豆腐或餡羹炒麵。同時它也是能煮飯的萬能鍋，所以去露營時一定會帶這個鍋子出門。

從省空間的優點來說，我也非常喜歡京都名店「有次」鋁材質的「無柄鍋」。它有各種尺寸，其中直徑18公分左右的鍋子，在裡面放滿東西的態下，女性也能毫不費力地

*炊飯，是日本家的家常菜之一，將配料與飯一起放入電鍋蒸熟的一種做法。抓飯，也叫手抓飯，是中亞與伊朗的傳統食物。

單手握拿起。我有18、15、12公分的三種尺寸，還有一個片口型的鍋子，可以堆疊，也可以當成攪拌盆。小尺寸拿來煮一人份的味噌湯，或是分量少的燉蔬菜料理非常方便。這種鍋子的熱傳導佳，很適合用來燉煮，它們都是我做日式料理不可缺少的工具。

最近我使用頻率很高的是法國「STAUB」琺瑯鑄鐵鍋。它的保溫性高，沉重的鍋蓋讓蒸汽跑不掉，所以水分能透過鍋子整體回流，讓食材的香氣或營養素充分保留。這款鍋具很適合做濃郁的煮物，例如牛肉白咖哩。如果要讓食物完全入味，煮到看不出食材原形，我就會用「STAUB」鍋子（不過像「不老富貴白蘿蔔」這類的料理我則會用無水鍋），依料理分別使用不同的鍋子。

「鍛金工房 WESTSIDE33」橢圓形淺銅鍋也是我的廚房愛將之一，我會用在蒸海鮮類料理，用它來做酒蒸貝類或白肉魚等風味絕佳，銅的熱傳導率很好，所以能在短時間內完成。它的設計也很漂亮，可以和「STAUB」一樣，連同鍋子一起上桌都沒問題。

現在這個時代，量販店也有賣幾百日圓的便宜鍋子，可是，鍋子是累積自己料理歷史的工具，絕對不能馬虎。我認為應該要少量購買，一個個增加，能長久使用，符合自己習性的鍋子。

從左上開始順時針方向是「無水鍋」、STAUB的「琺瑯鑄鐵圓鍋（Round Cocotte）」、有次的「無柄鍋」、唯他鍋的「波士頓單柄鍋」、鍛金工房WESTSIDE33的銅鍋。唯他鍋是最早入手的（12年前），如今仍繼續活躍。

調味料、香料、乾貨的收納

零散的調味料、香料或乾貨的收納，我並沒有特別的收納規則。依照每個人的個性，會有千萬種不同的收納方式。我曾多方嘗試各種不同容器的收納方式，接下來就介紹目前我覺得最自在的方法。

首先說明醬油、酒、味醂、醋等液體調味料的收納。

這些瓶瓶罐罐的容器，大小形狀各個不同，全部擺在一起，看起來有些零亂，所以我會將它們換裝到相同尺寸大小的容器。

我愛用的是特百惠（Tupperware）1.1公升的「S Line」容器。這種容器很輕，外型俐落，液體不易外漏，裝著各式各樣的調味料，看起來很有統一感，我喜歡這樣的感覺。

為了在料理時能夠馬上取出，我把這些液體調味料全都放在瓦斯爐下方的抽屜櫃下層。

瓶裝香料類或粉狀調味料，直接放在抽屜櫃上層。至於袋裝的調味料，我會更換到法國ARC公司的「樂美雅（Luminarc）密封玻璃瓶」，收到餐廚車。

買袋裝產品時，我自己心中有一把尺，會以「能裝進瓶子的量」為基準，避免一部分裝在瓶子裡，一部分仍然裝在袋子裡。因為從前已經有好幾次失敗經驗，想說先用橡皮筋綁著香料或調味料的袋口，結果最後完全忘記它的存在，舊的還沒用完，又不小心買了新的。從這點來說，玻璃容器能夠直接看出還剩多少量，真的非常方便。

羊棲菜、海帶、乾香菇、凍豆腐、海苔、蘿蔔乾絲等乾貨，則裝在特百惠的橢圓形收納盒「MM橢圓」。這個盒子有好幾種尺寸，像是羊棲菜等細碎的食材，就收在小尺寸盒；有點體積的凍豆腐或蘿蔔乾絲等收在中尺寸；做高湯用的柴魚片或昆布就收在大尺寸，分類起來非常方便。我把三種尺寸組合堆疊，收在開放架下方的櫃子裡。

密閉性高是「特百惠」的特性之一，非常適合用來保存乾貨。瓶身是半透明的，一眼就能看到殘餘量。

我每三天會用麵包機來做麵包，所以家中備有高筋麵粉和低筋麵粉，我把它們裝在「野田琺瑯」的圓罐裡。麵粉很容易受潮發霉，與其大量購買，還是買家庭用小量就足夠了。

我通常一次以2公斤為單位來購買麵粉，這個量能全部放到野田琺瑯圓罐中，實在很方便。這個容器有內蓋，能夠防潮。順帶一提，買來的粉類如果暫時沒有要用，一定要確實封好，放到冰箱或冷凍庫中保存。

料理中使用頻率最高的調味料——鹽巴，我把它放在開放架的下層，裝進有蓋容器裡。日式料理我會用藻鹽，西式料理用法國Guérande的鹽，其他還有去旅行時買的海鹽或岩鹽等。隨時備有好幾種不同的鹽，隨心所欲添加，而且一下子就能取出，很輕鬆方便，放到喜歡的小罐子，排列在手一伸就能取用的距離。

糙米以2公斤為單位，一週一次從「地球人俱樂部」直接運送過來，不過我們家沒有所謂「米桶」這種東西，而是裝在玻璃製品家辻和美小姐製作的有蓋玻璃瓶中。這個玻璃瓶尺寸剛好可以收納2公斤米，由於瓶身透明，一看就知道還剩下多少量，看起高雅又美觀。等兒子再大一點，食量變大，大概這個量就不夠了，到時會再想想別的收納方法。

廚房裡的擺設，不僅是鍋子、刀具等器材，食材的擺放同樣重要。

為了貫徹「一絲一毫都不浪費」，希望各位購買前能想一想，不要出現放到發霉，或是買新的才發現舊的沒用完等狀況。

小型餐廚車的櫃子裡，用樂美雅的密封玻璃瓶，裝香料或五穀雜糧。

乾貨的收納也使用特百惠。透過排列組合，可以擺成同樣的高度。

抽屜櫃上層專門收納香料類，下層則是醬油、醋等液體調味料，用特百惠的「S Line」儲放。

放在瓦斯爐下面，
方便拿取的地方。

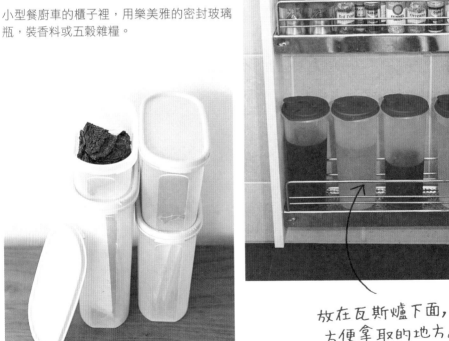

麵粉類的收納使用「野田琺瑯」。我喜歡白色琺瑯素材有的潔淨感。

右邊的玻璃瓶是辻和美作品，裡面裝著糙米。左邊放的是薏仁。

鹽巴放到喜歡的
小罐子裡。

右上是法國Guérande岩鹽，旁邊是藻鹽，左下粉紅色是在夏威夷買的鹽。

清爽感是收納的重點

至於其他廚房器具的收納，我同樣是以易於使用，看起來清爽大器為基準，來考慮配置。

一些常用的廚房小用具，我都收納在流理台右下方的三層抽屜。這類小用具又多又雜，因此這裡也和食器櫃一樣，儘量依材質收納。

第一層放的是削皮刀、切片刀、廚房剪刀等不銹鋼材質的用具；第二層是放木製的炒菜鏟或湯杓類；第三層則是不銹鋼、玻璃罐類。這些都是經常會用到的，所以我不會在抽屜裡混雜亂放，寧願規矩地放好，能更容易馬上取用。

鍋類或炒菜鍋放在水槽下方的櫃子。有蓋的鍋子（比如無水鍋），把蓋子倒放並且將把手轉到內側，鍋子和鍋子重疊起來可大大節省空間。「有次」的「無柄鍋」能夠堆疊，不佔空間。不過STAUB的鍋子很有重量，如果收到櫃子的最深處，可能會漸漸地因為太重而懶得拿出來用，所以我會把這個鍋子放在客廳水果酒櫃的下層。還有「WESTSIDE33」的鍋子，我很喜歡它的設計，所以不會收到櫃子裡，大多是放在開放架展示。

物品的收納，簡單來說，「從一堆東西裡面抽出來」這個動作，意外地麻煩。所以頻繁使用的物品，我都會放在容易拿到的距離內。

「野田琺瑯」的「純白系列」或其他常用的保鮮盒類，我收納在棚架上容易拿到的場所。並且把盒子和蓋子分開，能重疊的就重疊收起，如果直接蓋著蓋子，久了會有臭味。棚架下面就放著平日不太常用的點心模型，或食物處理機（Food processor）等調理用具。

另外，廚房紙巾或保鮮膜等消耗品、零碎的調味料類等，如果隨便放在外面，看起來會很雜亂，我會統一收到有門板的櫃子裡，廚房看起來比較整齊，打掃起來也比較輕鬆。

4 章

每天打掃心情好

我愛打掃

「打掃」對我來說，與其說是「讓人痛苦的家事」，倒不如說是和吃飯、洗澡、睡覺一樣理所當然，是讓我每天都能心情愉快的「日常生活」。打掃會使心情變輕鬆，如果沒有整理家務，外出時就會感覺心神不寧，「好想趕快回家打掃」。

對我來說，「家裡的狀態」和「心情歸屬」有著緊密連結，房間整理好，情緒自然好，做飯也變成享受，能仔細地烹飪、調味。相反地，房間雜亂，到處堆積髒汙，就會有什麼都不想做的感覺，連料理都馬馬虎虎。這不是歪理藉口，而是事實。房間變乾淨時，不僅是空間，心中也彷彿淌過清流，以東方的說法，就是有一股好的「氣」在體內循環一樣。

因此，在「工作堆積」並且「房間散亂」的狀況，即使當時非常疲憊，我也會訂個「到幾點幾分為止」的時間區隔，總之先打掃讓房間變清爽。當然，如果隔天是休假日，就不會特意勉強自己，先休息一天，隔天再慢慢打掃。不過說來奇怪，愈忙的時候，做家事、整理整齊的工作效率愈高，也不易累積疲勞，從結果來說，這樣反而會更快完成工作，這已經從過去好幾次經驗中得到證實。

我們家現在有個活潑好動的小學生，所以就算早上把房間整理得再乾淨，等小朋友從學校回來，吃點心，又到處玩玩具，房間一下又變成一團亂。不過，有小孩子在，會弄亂弄髒本就理所當然，和打雷下雨的自然現象一樣。為了這件事惱怒、發脾氣也不是辦法，只要每天早上重新恢復到自己設定的狀態，這樣就行了。

讓打掃變成習慣的最好方法，是心理狀態要維持在「如果不做心情會很糟」。

事先決定「只打掃廚房地板」、「只清潔洗臉台」，在一週到十天左右的時間，試著每天不間斷地打掃。習慣了這個舒適感，再接著以這樣的速度，一點點地增加打掃的範圍。

訂定自己的「打掃規則」

「每天都要打掃」，這是我自己訂的規則。

從客廳掃到和室，先用撢子清過一遍，再用吸塵器，然後用擰乾水的抹布擦拭。走廊、玄關、洗臉台也是一樣的步驟，最後打掃廁所，一整套打掃步驟流暢、一氣呵成，總共只花三十分鐘到四十分鐘。我每天早上都會打掃，所以不會累積太多髒汙，一次打掃的時間不會太長。

由於我在家裡進行料理攝影工作，會有一大群工作人員來我家，也常會移動家具或擺設，讓房間變亂。而且我的工作是做料理，保持環境清潔是基本中的基本。因為這個原故，我才決定要「每天打掃」。

打掃的頻率是「每天」、「隔一天」，或者是「星期六上午」等等，要看每個家庭的狀況來決定。請謹記，「在髒汙開始累積之前打掃乾淨，勞力會減少一半」。

養成打掃的習慣，就能夠「不經思考，身體自動去做」，變成無敵狀態。否則每當到了需要打掃的時候，容易陷入一堆疑問中：「今天要從哪裡開始掃呢？」、「是要用吸塵器吸就好？還是用水擦過？」光想想就覺得累。

定下規則，決定「這個地方每次都用這樣的打掃方式」，容易養成習慣，「這個工作就是整個一套做完」，目標明確易懂。

我想應該有許多人曾經體驗過，用喜歡的廚房器具或器皿時，料理會變得很有趣，打掃也是一樣的道理。使用味道好聞的清潔劑或是雜貨風的可愛木刷，心情會變得愉快，選擇有趣的打掃用具，能讓打掃成為一大樂事。

清潔劑方面，我會特別挑過，儘量不使用人工化學合成的產品，而是選擇天然成分來源的產品，對人體影響低，又能兼顧環保，使用後的處理也比較輕鬆（強烈的清潔劑得沖好幾次水，還要反覆擦好幾次才乾淨）。天然產品雖然價格偏貴，可是為了每天能愉快打掃，也算是一種必需花費。而且，在髒汙變得嚴重前趕快打掃，使用的清潔劑分量也不需要那麼多，所以，認真的打掃也算是一種省錢的方式呢！

擦地板的方式

地板的打掃，我在剛搬新家時，經歷了各種錯誤嘗試。當時真的是手忙腳亂，用吸塵器根本掃不乾淨灰塵，買了電動蒸氣抹布的產品，可是房間的牆角總還是會有髒汙殘留。嘗試了好幾種方法的結果，結論竟是「還是跪著用手拿抹布擦最好」。現在為了保護膝蓋，我特別買了打排球用的護膝來用（笑），每天都很努力地擦地板。

蹲下來降低視線，會發現椅子內側或桌腳附近等位置，站著用吸塵器看不到的地方，在不知不覺中累積灰塵。此外，由於我每天擦拭清潔，累積許多經驗，知道「哪裡會容易變髒」，能把那些容易忽略的地方一起打掃乾淨。

廚房、浴室廁所、客廳的壁面打掃，我用的是ECOVER「居家用清潔劑」和「超電水」兩瓶搞定。

比利時品牌ECOVER，已持續生產三十年以上，產品是利用植物與礦物為原料，洗淨力和安全性都很高，對地球也很友善。若有嚴重髒汙，則使用原液；輕微髒汙用一公升水兌1～2小匙左右的原液，調成稀釋液（聞起來還有淡淡的檸檬香）。為了方便使用，我會把稀釋的清潔劑換到「無印良品」的噴霧瓶裡面。

「超電水」是源自於水的電解鹼性水，原料是百分之百純水，萬一不小心吃到也沒關係。雖然原料是水，卻有很強的去油汙能力，除菌力也很優秀，所以可以放心使用在小朋友的玩具或廚房櫃子等地方。

市面上有各式各樣的清潔劑產品，但我基本上的打掃都是依賴這兩瓶。每天打掃，不會有髒汙灰塵堆積，這兩瓶已經相當足夠。

推薦用這個來清潔小朋友的玩具。

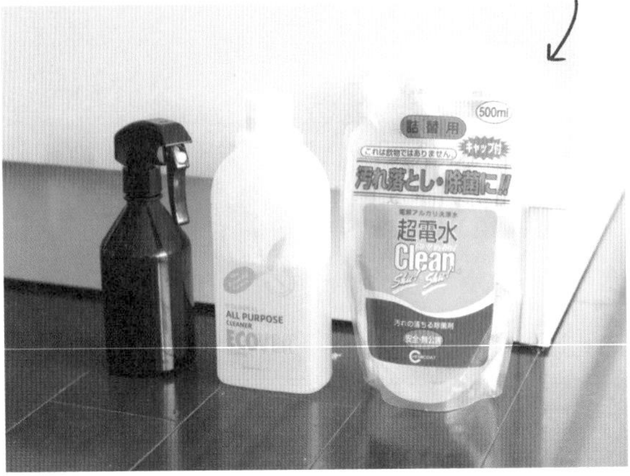

ECOVER「居家用清潔劑」和「超電水」，是我打掃的得力愛將。視髒汙的程度，不一定每個地方都要用清潔劑，可以用擦拭用品（抹布、小刷子、泡棉等）來應付。

吸塵器多年使用的是德國牌子米勒（MIELE）。有次拿去修理，廠商說「有推出新機型喔」，可是我喜歡舊款的設計，仍繼續使用舊機型。

德國REDECKER的鴕鳥毛撢子，鳥毛和人造皮的製作非常紮實。

上過油的家具，用擰乾水的抹布來擦，像是抖落灰塵般輕輕擦拭。

打掃廚房是為了重新開始

結束一天所有作業，最後一定會仔細整理廚房才去睡覺。和早上打掃家裡一樣，這是我長年養成的習慣，為了隔天早上，能心情愉悅地在乾淨的廚房開始新的一天，這可說是非常重要的一項家事。

接下來說明具體的打掃方式。

首先是水槽清潔。使用棕刷從頭到尾各個角落都刷一遍，用點力刷刷洗洗，連排水溝槽凹凸處也不放過，清潔溜溜。即使每天這麼做，仍會漸漸有茶垢等黑色汙點出現，所以每隔幾天一次，我會用切小塊的白色科技海綿擦拭，來刷除頑固髒汙。用過的棕刷要確實地甩除水分，放到毛巾上晾乾。

順帶一提，棕刷不僅便宜，而且可以把水甩乾，除了用在打掃，我還有分各種用途，拿來洗鍋子或砧板用，清洗芋頭或山藥等蔬菜用，還有清洗茶壺注水口或保溫杯等狹窄深入的部分用，是優點多多的多功能刷子。

刷乾淨要接著沾水擦拭，先擦掉瓦斯爐周圍的汙垢，再擦抽油煙機。由於瓦斯爐周圍也可能黏附頑固的油汙，所先我會用洗碗用的舊海綿，切成小塊去擦拭，擦完就可以直接丟棄。

用過的廚房抹布，用加入Paxnaturon漂白劑的水中浸泡，放一晚漂白，隔天充分水洗後晾乾。容器直接利用野田琺瑯圓鍋（Round Stocker）（138頁左上角）。「每天漂白」聽起來很麻煩，可是只要養成習慣，根本只是一兩分鐘就能完成的事。髒汙的廚房抹布，每天確實清洗，能保持乾淨、持續使用。

瓦斯爐或抽油煙機的油汙，等於是「超花時間的頑固髒汙」代名詞，若有堆積就更難清理。因此，養成習慣每天花個兩分鐘打掃，就能維持乾淨狀態，幾乎不需要年終大掃除。

剛搬家的第一年，我認為抽油煙機「可能會堆積新手看不見的髒汙」，就請了專業清潔公司來家裡打掃，結果對方稱讚我家「非常乾淨，不需要特別打掃」。所以，後來抽油煙機周圍只要每天擦一擦即可。

冰箱的打掃，我通常會利用中午時段。如各位所知，冰箱很容易在不知不覺中就堆積許多髒汙。以兩天一次的頻率，將整體裡裡外外迅速地擦過一遍。因為每星期二會送來食材的宅配，存貨量少的星期一，正是清潔的絕佳時機。

特別注意的是，容易產生細菌的地方，我會噴灑「超電水」，用乾抹布擦。並且，沖泡咖啡後剩下的咖啡渣，我會放到冰箱裡面消除臭味。

在雜誌攝影等料理許多油炸物的日子，用「超電水」清潔抽油煙機。

左邊是洗手液，
右邊是清潔劑。

廚房用殺菌力強的洗手液。海綿或棕刷要確實晾乾。

清理瓦斯爐，每次都要把爐火架拿起來，再用水洗。把海綿切成小塊來使用。

冰箱的清潔使用「超電水」，不但能殺菌，黏附物也能很快擦乾淨。

最信賴的抹布

我家廚房裡，有兩種很可靠的抹布，是我深深依賴的清潔好幫手。

第一種是使用粗疏紡（throstle spinning）製作的餐具擦拭巾，專門拿來擦拭碗盤。用粗疏紡織成的棉布，纖維不起毛邊，擦拭時易吸取水分或油分，用熱水就能洗淨髒汙。

料理的攝影狀況不同，有時必須用好幾十個盤子，每個都得用擦拭巾擦過。因此這種擦拭巾，我會隨時準備二十條左右備用，一個月就得開兩到三條新的擦拭巾使用。而且我也會用這款擦拭巾代替海綿，來清洗漆器或玻璃製品等。

第二種是東屋的「擦拭巾」，我都用來擦拭流理台。這款擦拭巾，是日本自古以來在奈良生產的蚊帳材質、由八片粗孔平織布重疊製成，能迅速吸收水或髒汙，還有容易附著髒汙的特性，材質非常結實，即使漂白也不會損壞纖維。

每天清潔之後，我會將兩種擦拭巾分別裝在不同容器，晚上漂白，隔天早上洗乾淨、晾乾。兩種擦拭巾都很快乾，實在是很方便。

用舊的抹布，我會用來做房間的抹布。我很喜歡這些擦拭巾的質感，所以就算用來當抹布，我還是很愛用。從房間退役之後，我會用來擦拭玄關與陽台附近，徹底利用完畢，最後才丟棄。由於使用替換週期很快，能夠沒有壓力地到處擦，不用擔心弄髒。

抹布的洗滌，我會用殺菌力強的清潔劑稍微浸泡，每天洗澡時間順便把抹布洗乾淨，晚上晾乾，如此一來抹布就不會產生奇怪的味道。

打掃用具的日式收納

我家零散的打掃用具，主要是收納在廁所洗手台下的櫥櫃。我有三個IKEA重疊收納盒，是過去做外燴工作時買的，其中一個囤放擦拭巾或海綿，第二個放漂白劑或檸檬酸、小蘇打等粉類，第三個則是拿來放生理用品等，三個收納盒堆疊放置。

科技海綿可以用來去除水垢等髒汙，非常便利，我會切成小塊，放在有點高度的玻璃製花器中。我喜歡像這種能隨時輕鬆拿取，看起來也很美觀的收納法。

擦拭用的抹布類，則放在有蓋子的大玻璃密封罐中。將抹布收納在密封罐好像有點奇怪，不過這些抹布都是用舊的擦拭巾淘汰下來的，所以我會清洗乾淨、晾乾，用比較美觀的方式收起來。

家裡的鐵製水桶，則放了小掃把、畚箕、住宅用清潔劑等零零散散的打掃用具。用舊的牙刷，能用來刷掉浴缸或洗臉台的小髒汙，所以我會將舊牙刷洗乾淨、晾乾留著。

至於廚房的特殊清潔用具類，則隨意收在鄉村風的竹籃裡，放在開放架的最上層，這樣才能隨時取用。放在這裡的有日本唯他鍋（VitaCraft Japan）所發售的不鏽鋼和銅製品去汙劑，以及放在優格瓶裡的小蘇打（用於去除鍋底焦黑）和檸檬酸（去除麥茶瓶的茶垢等），切成小塊的舊海綿，棕刷（用於徹底打掃水槽角落）等。

不管是哪一種用具，好好地收納起來，像是收納雜貨或其他收藏品一樣。不可思議的是，這麼做，可使打掃變得更有樂趣。

擦拭巾類放在圓型鐵盆中，抹布類放在野田琺瑯的圓鍋，分開漂白。

做菜的時候，使用完的擦拭巾，暫時先堆放在這個陶器裡，做完菜再拿去洗滌。

使用過後布料會
漸漸變軟。

放在藤籃上的是餐具擦拭巾，上方是東屋的擦拭巾。隨時保持清潔狀態。

鄉村風竹籃，放置廚房的特殊清潔用具類。開口較大，易於取用。

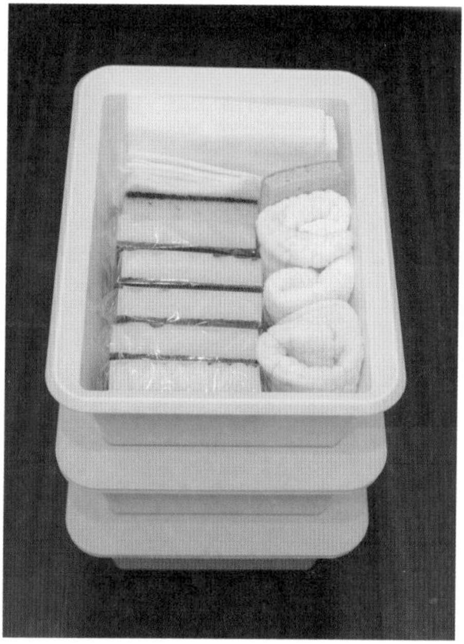

IKEA重疊收納盒三個。收納打掃用具，囤放消耗品。

左邊是科技海綿，右邊是抹布。綠色的布是微細纖維布，用來擦拭手上的髒汙。

用過的刷子也放在這裡。

這個鐵製水桶曾用來放拖鞋。我很努力讓收納看起來整齊。

5 章

日日踏實，小小的樂趣

我愛手作生活用具

竹簍（收藏不能放進冰箱的馬鈴薯等蔬菜）、砧板、木頭茶筒等，各種名家作品的碗盤瓶罐，我的廚房裡有各式各樣的手作生活用具。

年輕時，不知道為什麼被這些用具深深吸引。這些產品，與其說是機能性方面的用途，倒不如說是更具有滋潤心靈的功能。

舉例來說，塑膠製品的保存年限短，剛買時雖然很美，但很可惜，用久了就會往劣化的過程前進。天然材料製作的收納用具，用著用著反而愈來愈顯現味道，具有培育養成的樂趣。竹籃的潤澤度愈來愈高，顏色也會慢慢加深，感覺就像是有生命一樣，會隨著歲月產生變化。可以說是「隨著時間流逝，漸漸地增加層次與味道」，愈陳愈香。這樣的產品能讓人感到溫暖，心情更加沉靜。

選擇這類產品，基本上我會選擇簡單，不會強烈展現作者主張，傳統設計的產品，也算是取得平衡吧。

這類產品幾乎都是個人的作品，所以生產數量少，想要找的時候偏偏找不到，幾乎都是「偶遇的佳作」。而且還都不是可以立刻使用的必需品。所以，選購的時候，我所採取的策略是絕不妥協，一定要慢慢找到喜歡的作品，一個個仔細挑選。看過許多各種不同產品，萬中選一，才能長久地使用。在這個過程中，就會慢慢形成「自己風格的廚房」。

偶爾會遇到「不知道什麼理由，可是就是喜歡」的偏好品項，此時不妨大膽地買下吧！完全沒有必要著急，悠閒地慢慢選擇也是一種生活樂趣。

有時覺得北歐風好漂亮，可是有一天又變成亞洲古典風，有一天又變成義大利摩登風格……經常變來變去，不知道到底「自己的風格」在哪裡而十分苦惱，如果你是這種人，讓我教你一個辦法。

找出一件打從心底喜歡，最能代表「我的廚房」的物品，不管是大籃子、瓶子、鍋子，通通都可以，將新購買的用具擺在代表物品旁邊看看是否適合，或許執行起來有點困難，但也不失為一種購買的標準。

這種感覺有點類似買衣服，「這個配件剛好可以搭我最喜歡的那件碎花洋裝！如果能和喜愛的產品搭配，那新東西加入，就可以混搭了！」

以我來說，「是否購買」的標準很明確。「好想把這個籃子放在那個位置」，或者「我想用這個盤子盛裝這種料理」，在買東西的時候，腦海中就會具體閃過使用畫面。

至於沒有靈感的產品就先保留著，雖然世上有許多令人心動的產品，可是我會帶回家的作品，都是經過精心挑選，所以會想要物盡其用，好好地珍惜這些用具。

山櫻木的調味料罐，是很久以前買的。用來放咖啡豆或綠茶。

用來放鹽巴的有蓋罐子。
是陶藝家安齋厚子小姐和
市川孝先生的作品。

提昇料理熱情的卡片和書

料理是我每天都要做的事情，但是，偶爾會有怎麼做都不順利的感覺。這時候如果有一件物品，能讓你一看到就立刻復活、產生動力，那最好不過。以我的情形來說，那就是外婆遺留的料理卡片，還有幾本書。

我開始從事料理工作沒多久，老家的母親轉交給我一箱物品。「說起來有這個呢，給妳吧？」就是外婆的料理卡。裡面寫的都是四、五十年前的料理。一張張如回憶般，讓人感受到對家人持續做菜的心意。

我的廚房常備書籍，有散文作家平松洋子小姐，所採訪撰寫的《季節滋味、高湯滋味》，這是本令人肅然起敬的書。此外還有好幾本西方的食譜書，書內透過大膽色彩或照片攝影，讓料理看起來強而有力，令人食指大動，是我非常喜歡的書籍。

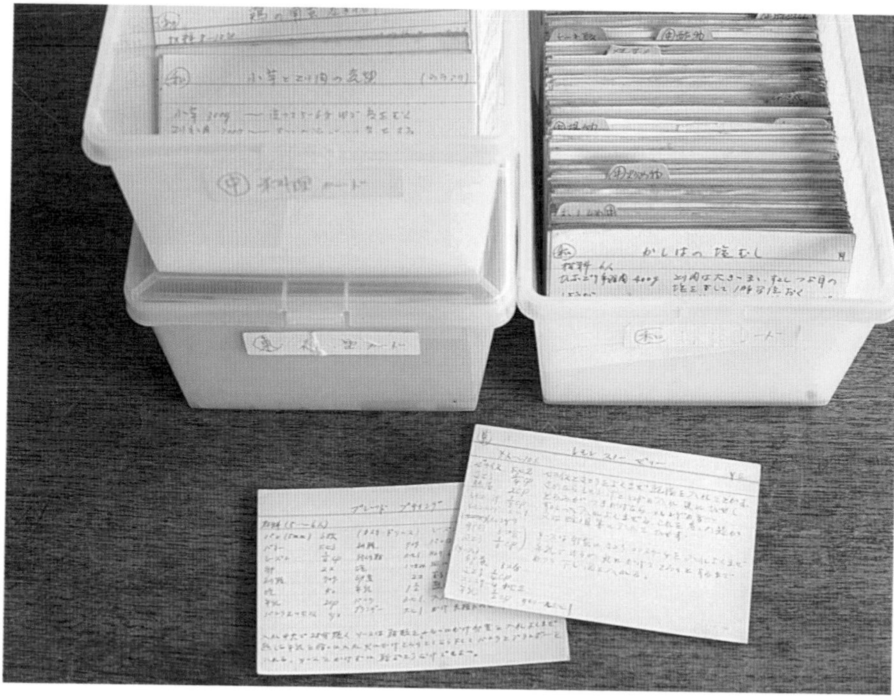

我把料理卡片分類為日式、西式、中式、甜點等，放在三個盒子裡。其中還有許多至今仍當紅的料理，比如沙蝦炒芹菜、金桔梅酒煮。還有許多母親小時候常吃，令人懷念的滋味。

《季節滋味、高湯滋味》是位於虎之門的和食店「鶴庵」老闆的故事，由平松小姐採訪撰寫。《CANAL HOUSE COOKING》或《TARTINE BREAD》是出國時買的，都是讓我回到初衷，重新燃起料理精神的書籍。

日常生活中的小小奢侈感

自從小孩出生，變得很少外出吃飯，反而「帶著一道料理」到某個人家聚會，這種機會增加許多。我很期待能嘗到別人家不同的味道，「這個是怎麼做出來的啊？」也很享受能彼此交換資訊的樂趣。

提到家常聚會，許多人會擔心「一定要做得很好吃」，不過與其突然做一道沒做過、根本不習慣的料理，擔心失敗，整個人的心情患得患失，還不如做自己平時已經習慣的家常菜，不妨另外嘗試加入有香味的香草，或是加入有嚼勁口感的水果或果乾，建議「以自己的拿手菜為基礎，稍微變化一下」，會比較安心。

舉幾個我自己的招牌菜為例，吃起來清新爽口，用醋、鹽巴和胡椒、太白胡麻油就能完成的「醋漬茄子」，只要加入少許茴香，試看看用橄欖油攪拌，就變西式風味。或者用味醂和醬油調味的「金平牛蒡」，改成用義大利香醋（Balsamic vinegar）和醬油調和後炒過，味道大有不同。大家都會做的「漢堡」，加入甘栗或番茄乾，視覺和風味上有強烈風格的材料，然後像是做美式肉餅（meatloaf）一樣，煎成大塊長方形，是完全不同的滋味。

平常都是配白飯的菜餚，稍微變化一下，馬上就能變成像是宴會裡的菜色。

飲品方面，我推薦水果酒或糖煮水果（compote）。

水果酒是將水果加上具有保存效果的砂糖（冰糖、蜂蜜、紅糖）等，再浸泡酒類（日本燒酒或白蘭地、白利口酒等）。浸泡大概兩週到一個月，是最好喝的時期。

前置作業時間不長，看起來又美觀，只要時間到，就能喝到好喝的飲料，帶去參加聚會往往很受歡迎。

和朋友家人一起去露營旅行，我一定會帶水果酒去，加入水或碳酸飲料增量，喝的人也高興。聚會人數多，或是家庭菜聚餐時也可以算是一道料理。

糖煮水果的做法，是水果和砂糖，加水或葡萄酒一起煮的料理。這個也是短時間就能做好，而且做法非常簡單。如果把蘋果直接帶去參加聚會實在太普通了，可是把蘋果稍微煮過，「美味程度」頓時上升。順便一起帶優格或鮮奶油過去，當場盛裝在容器裡，裝飾奶油，立刻變身為一道精緻的甜點。這種能表現出季節感的菜色也很不錯。

家常聚會，輸人不輸陣，愉快地享受快樂的氣氛。花點小心思和時間，就能產生日常生活中小小的奢侈感。

過年的日程表

一到「師走（日本國曆十二月的別稱）」，就算想要每天悠哉地過日子，但無論如何就是會被各種行程追著跑，每天匆匆忙忙。工作還有家事全都擠在一起，還有很多忘年會（日本的尾牙）或是聖誕派對，得盡全力衝刺。

所以，為了全家人一起悠悠哉哉地過個好年，可不能馬虎，得認真一點點地做好過年的準備。

十月中旬，是栗子的季節，我每年都會做「栗子澀皮煮」或「栗子飯」，還會一起準備放到年菜裡的「栗子甘露煮」。這是用砂糖作為保存材料，我會一次做十天分，放到冰箱保存。

一進入十二月，就把兒子的聖誕樹拿出來，年菜的食材也先陸續買起來。說起來，相同的食材，到十二月中價格會突然上升，所以我會在月初就先買齊可以放比較久的昆布或黑豆等乾貨。裝紅包用的紅包袋等物品，也會在這時候一併購買。

到十二月中旬，我會去買做為年菜小配菜的「蜂蜜柚子」（柚子切絲再用蜂蜜煮）或「金柑甘露煮」。燉煮用的芋頭或竹筍等，能放比較久的蔬菜，也在這段時間先準備好。

聖誕節用的肉類與酒類，盡可能提早準備。聖誕節用的花，則是在一週前就先買好。雖然平常家裡就有種植物，但全都是陽台的觀葉植物，若能在家中裝飾漂亮的花，能夠更快感受到年末的氛圍。我喜歡綿花或葉牡丹之類，簡單以枝為中心的花卉。

過年用的甜點，每年都是買日本岐阜SUYA的「栗子蒸羊羹」，也是在十二月中旬先預訂買好。年底銀行會擠著很多人，所以同時準備好紅包用的新鈔。我會調整行程表，讓工作儘量趕在十二月二十日以前全部收工。

聖誕節結束的二十六日，終於快要過新年了。

把過年要用的木托盤或飯箱等用具取出擦拭，開始慢慢大掃除。雖然說是大掃除，可是平常就已經很認真地打掃，所以只不過比平常再更用心一點而已。建議以「今天來徹底打掃客廳」、「今天來掃寢室」的感覺，依序打掃。

十二月三十日買年菜料理。由於只有全家三人吃的量，大概一天就能全部完成。黑豆、錦絲蛋、金栗泥（Kinton）、燉煮料理、小魚乾（Gomame）、生魚片（Namasu）、昆布捲、開運牛蒡（Tatakigobou）、烤豬肉或烤蝦等，包含日本傳統過年要吃的年菜，約12～13種，也會穿插做些「醃漬帆立貝」等有點洋式風味的料理。

說到年菜料理，還是老家的母親或婆婆做的最好吃。在這方面我經驗尚淺，只不過做了幾年而已，她們已經持續做了幾十年，比起來我的程度還是有差別。希望總有一天，我做的味道也能和她們一樣，所以當作訓練的一部分，要每年不間斷地持續做下去，我是這麼想的。

做好年菜料理，準備好酒，接下來就是等待迎接新年。就像這樣，尤其在十二月，正是象徵我「日日踏實，簡單不堆積」的時節。

越前塗繪的飯箱，是結婚時買的產品，設計簡單，除了過年，其他節慶也適合使用。上方是陶製飯箱，我非常喜歡它高雅的顏色和圖案。

「喝」是為了健康的每一天

我沒有什麼特別的健康法，「對身體好的飲品」，大概是我唯一的堅持。

早上喝果汁的好處多多，就算身體狀況不佳或沒時間，仍能輕鬆補給營養。我算是體力很好的人，但忙起來還是會有疲勞不堪、沒有食慾的時候。在那樣的日子裡，透過喝飲品來補充營養，讓胃腸休息，剩下的就是放鬆好好睡個覺。這是我獨創的恢復精神方法。

打成果汁，喝下之後約三十分鐘到一小時左右，營養素就會吸收進入血液。有種「迅速有效」的感覺。

我的果汁不只有蔬菜或水果，還會滴進幾滴亞麻仁油或鱷梨油。這些油脂含有豐富的Omega-3脂肪酸，能降低膽固醇值，還能預防動脈硬化或高血壓。

每天早上除了喝果汁，還會喝日本和歌山月向農園的「梅醋」。它是將梅子肉磨碎，把梅汁和梅肉一起慢慢熬煮，濃縮而成。梅子的有效成分和礦物質由於濃縮，變得非常酸，所以我會加一點點蜂蜜，每天都喝，託它的福，變得不太容易感冒。

罐裝的「有機藤原蔬菜汁」，我會一次買大量，放在冰箱保存。有時也會自製甘酒，用於做料理。肚子有點餓時喝一點，馬上能提振精神。

飲食的健康法，我自己的理論是「不好吃就做不久」。從這個意思來說，我不喜歡健康食品，根本不會想去吃。與其做吃的東西，不如做可以輕鬆喝的飲品，更容易持續下去。

簡單來說，我的健康秘訣，不是身體狀態變差才開始做這做那來應付，而是日常生活中，就注意攝取「對身體好的東西」。

喝茶休息，生活的潤滑劑

把小孩送去學校，早上的家事告一段落；在自宅的攝影開始的數十分鐘前；白天工作結束，到開始準備晚餐前。這些短短的「十分鐘」，是在忙碌的一天裡「中場休息」，喝個茶讓心情沉澱的時間。稍微坐一下，泡杯好喝的茶，吃點休閒時的小甜點。透過最放鬆的瞬間，讓頭腦和身體都有重新修復的感覺。

因為我是在家工作，所以如果一直繃緊精神，會有工作或家事毫無止盡的感覺。有了這個喝茶的時間，做為一個「小區隔」，生活也能出現良好的週期韻律。

有客人來訪，茶是「招待的第一步」。即使不做什麼什麼其他的準備，只要有悠閒仔細地泡好的茶，人與人之間的關係，似乎在不知不覺中變得滑順。

我家的茶壺大多容量很小，因為我希望在適當的溫度就把茶喝完。因此雖然不停地加茶水，這也是一種享受。

我在家裡進行長時間的工作討論時，第一杯會喝煎茶，接下來是棒茶，然後興趣會轉向花草茶或台灣茶……像這樣嘗試各種不同的茶。

煎茶我喜歡「UOGASHI銘茶」的產品，我們家會定期購買，放到開放架上的山櫻木保護罐存放。日本金澤丸八製茶廠的「獻上加賀茶」也是我常買的茶葉。

因為我家常會有很多客人，所以隨時會準備五、六種茶葉。茶的生命力在於它的香氣，一次買少量，儘快喝完，會是比較好的方式。

鱷梨油或亞麻仁油只有進口產品，在日本買價格會很貴，我會在出國時順便購買。

我每個月都會做甘酒，保存在冰箱。月向農場「梅醋」是認識的編輯推薦給我的。

我用來喝茶的茶壺多是名家作品，使用愈久愈能醞釀品味。

季節食材曆

季節性的廚房工作，有著與平常準備飯菜不同的樂趣。「又到了○○的季節呢！」這種喜悅，是日常生活中小小的奢侈。我一年大概是這麼過的：

【1、2月】

冬天是柑橘類的季節。用柚子做「柚子茶」，或是做成果醬。「蜂蜜煮金柑」是每年一定會做的料理，含有豐富維生素C，還能預防感冒。將這道料理加入味醂或醬油，和豬小排一起燉煮，就是一道宴客菜。

【3、4月】

在日本，一提到春天就會想到草莓。五一黃金週前草莓就會上市，我會買來做「草莓汁」或「草莓果醬」。把草莓汁混在優格或豆漿中，或是做為沙拉醬的隱藏味道。我喜歡將草莓果醬抹在法國吐司上吃。

進入四月，迎來竹筍的季節。我喜歡把新鮮竹筍稍微燙過，取用柔嫩部份，浸泡鹽和橄欖油，或是芥末醬油等，像吃生魚片一樣食用。比較硬的部分就燉煮，或做成竹筍飯。

【5、6月】

每年只有短短幾週，蔬菜店才會擺出香香的實山椒（未完全成熟、呈青綠色的山椒果實）來賣。每到這個時期，我一定會去大肆採買，做成「醬油醃漬實山椒」或「小魚干山椒」。同樣這時期大量出產的新薑拿來做「甜醋薑」，可以變成肉類、魚類料理的配菜。

梅子工作是季節工作的代名詞。「梅干」、「梅子汁」、「梅酒」這三種是每年一定必做的料理。稍微多買一些梅子來冷凍保存，當「梅子汁」喝完，可以再追加做兩次左右。先冷凍，果肉組織容易剝落，更能取出梅子精華。

【7、8月】

我在這幾年夏天熱衷於買杏子。它的盛產期比梅子還短，但做成「杏子果醬」或「杏酒」，就能品嘗這個季節才有的酸甜美味。

經過太陽光充分照射，摘下的完熟番茄一上市，我就會做「番茄醬」裝罐。番茄切塊、白酒再加上香料或月桂葉、西洋芹葉、大蒜之類的香味蔬菜，煮得濃稠，拿來作「番茄義大利麵（Spaghetti Pomodoro）」是道絕品。

【9、10月】

秋天的必買食材是栗子。栗子在日本全國各地都有著名產地，所以想著「今年要買哪裡產的呢？」煩惱也是一大樂趣。做栗子料理，有許多人覺得「剝皮實在很麻煩」而感到傷腦筋，可是我很喜歡做的時候心無旁騖的感覺。我喜歡做成「栗子澀皮煮（糖煮澀皮栗子）」、「栗子飯」，或做成過年用的「栗子甘露煮」。

【11、12月】

這時收到冬季水果之王——蘋果的機會很多，我通常會趁新鮮好吃的時候，趕快做成「蘋果果醬」、「蘋果酒」或「蘋果醋」。蘋果果醬加入肉桂或小荳蔻等重口味香料一起，拿來泡紅茶也很好喝；裝在小瓶子裡，剛好拿來作為聖誕節小禮物，送給親朋好友致意，實在非常好用。

剝栗子皮時，先將栗子泡在水中一會兒，會變得容易剝。

獎勵自己的奢華甜點

我還蠻喜歡去找目前話題正夯的點心店或麵包店。對我來說，特地尋訪名店、品嘗甜點，是一種對自己的「獎勵」。要說明到底哪一點是獎勵實在很難，不過並非因為高價或是難以買到的這種標準，而是有沒有「特殊性」。原本我就不是常吃甜食的人，一年難得吃到幾次，因此偶爾的品嘗，會有格外幸福的感覺。

第一個是PIERRE HERME PARIS的「鹽漬黑橄欖餅乾」。切大塊的黑橄欖與橄欖油所烘焙出的餅乾，甜甜鹹鹹的味道令人上癮。濃厚的味道相當合適配上葡萄酒，簡直就像「給成熟大人的餅乾」。它是每年七月左右的限定品，所以我如果到市中心就會順道買。

第二個是虎屋（Toraya）的羊羹「阿波之風」。它是阿波國（日本德島縣）的名產，使用和三盆糖製成的羊羹。「虎屋」有各式各樣的羊羹，不過我最喜歡的還是阿波之風，嘗起來非常高雅的甜味。疲憊時吃上一口，有種身心都獲得療癒的感覺。虎屋對食材的講究態度也很有名，從意義上來看，就能瞭解我喜歡這道甜點的原因。

第三個是Signifiant Signifie的「杏子磅蛋糕」。這家店旁邊是我工作常去的料理攝影棚，每當我去那個攝影棚工作，必定會轉去購物。這個磅蛋糕是使用栗子粉作生麵糰，加入自製作的杏子煮所烘焙出的發酵點心。由於是季節性商品，香氣偶爾不太一樣，但生麵糰很密實，風味絕佳，令人吃到訝異不已的奢華味道。這道也是個非常適合配酒的甜點。

雖然和甜點有點不太一樣，但對我來說購買當季水果也是一種獎勵。無農藥栽培的日本和歌山南高梅，充分照射夏日陽光的日本岡山桃子，肥厚飽滿的日本丹波栗子等，都算是稱得上名產的品項，在當季裡買個一次，實在是難以言喻的奢侈享受。

一想到「只有這個時節才能嘗到這種美味」，就會覺得非常貴重，「今年不知道還能不能嘗到啊」，切身感受到季節轉換的感覺，是生活中的一種喜悅。

沒有精神或心情低落的時候，「自己給自己一個獎勵，應該能振作起來！」但對我來說，生活慌亂不已，反而會忍耐著不給自己獎勵。先慢慢收拾好累積的工作，將家事一件件地按照順序完成，從而抓到生活的步調，將日常生活確實調整，找到自己的節奏，這時，我才會給自己獎勵。

看著整理整齊乾淨的房間，令人神清氣爽，更能凸顯獎勵的美味，使我打從心底感到開心。

從右上開始，順時針依序為「鹽漬黑橄欖餅乾」、「阿波之風」、「杏子磅蛋糕」。和料理一樣，我也十分心醉於嚴選好食材做成的產品。

一天的時間表

為了讓今天的自己、明天的自己能有所成長，在「怎樣渡過一天」這件事上，我下足了功夫。不必勉強，用輕鬆的心態，踏實地做，我試著把日常生活的某一天記下來給各位參考。

AM 4:30

起床。第一件事我會先喝溫開水，換衣服，洗臉。在小孩起床前這段安靜的時間，集中精神寫稿或回覆電子郵件，盡可能完成一些工作。

AM 5:45

開始準備早餐。同時也一起做晚餐的預備工作。順便將衣服放到洗衣機清洗。

AM 6:20

兒子在6點多起床，於是一起看電視做收音機體操。早晨活動手腳，可使頭腦清醒，身體也跟著活過來。

AM 6:30

一家三口一起吃早餐。以蔬果汁為主，搭配蒸蔬菜或湯品等簡單料理。如果老公的工作做到很晚，就是我和兒子兩人一起吃飯。吃完飯、整理一下，送兒子去學校，然後開始打掃家裡。客廳、廚房、和室、走廊、玄關，用撢子掃落灰塵，再用吸塵器，濕抹布擰乾擦過，最後再清理洗手台與廁所，大概花30～40分鐘做完。

AM 8:00

打掃告一段落，一邊看NHK的晨間連續劇，一邊喝杯茶休息。悠閒地沉澱心情，確認當天一天的日程表，安排有效率進行的方式。

AM 8:30

把脫完水洗好的衣物曬乾。在自宅有攝影工作時，順便曬棉被，或是打掃窗戶，平常無法做的家事在這時集中進行。

AM 10:00

出門購買攝影用的食材。如果有必要還會開車到市中心。若當天攝影拍攝數量多，準備的食材也比較多，會充分利用有當天宅配服務的店家。

PM 12:30

回家準備中餐。只有我和老公兩人份，所以利用常備菜，15分鐘就能完成的菜色。也常用簡單的麵類解決。如果早上來不及做晚餐的準備，可在這段時間完成。

PM 1:00

結束午餐的清潔工作，集中精神進行電腦作業、寫原稿等。有時也會帶著筆電出門，去附近的咖啡店寫作。

PM 3:00

兒子從學校回家。接送他去學足球或游泳。

PM 5:00

兒子回家。讓兒子去洗澡，我準備晚餐。因為在早上或中午已經做了一些預備工作，此時花的時間大約30～40分鐘左右就夠了。

PM 6:00

從兒子上床睡覺時間回推，大概這時候開始吃晚餐。我們全家三口圍桌一起吃飯。早上、中午大家太過匆忙，晚餐是全家團圓、悠閒和樂的時間。

PM 7:00

晚餐後清潔。在這段時間洗完碗盤，也做好瓦斯爐周圍或抽油煙機的打掃。不偷懶、做好清潔工作，隔天早上的心情會比較美麗。

PM 7:30

洗澡時間。在浴缸裡好好泡澡。順便洗抹布或清潔浴室。

PM 8:00

兒子上床睡覺時間到了，我會在旁邊唸繪本給他聽，或者讀自己的書，悠閒地渡過親子時光。

PM 9:00～10:00

我是在這個時間就寢。自從有了小孩，已經養成早睡早起的生活習慣。我有睡覺前讀書的習慣，所以偶爾會帶著喜歡的書上床翻看。不過因為我很好睡，通常大概看個十頁左右就閉眼睡著。

渡邊真紀（WATANABEMAKI）
料理家。曾任平面設計，二〇〇五年成立「鼠尾草給食室」。透過書籍、雜誌、廣告，活用當季食材與豐富蔬菜，做出對身體有益的料理。自創的飯菜保存包廣受歡迎，不僅天然更具有優雅的生活風格，擁有許多粉絲。著書有《馬上做出好吃的保存包菜色228》（主婦與生活社）、《切片、生魚片、保存包…鼠尾草給食室的簡單魚料理》（MyNavi）、《鼠尾草給食室 渡邊真紀的無水鍋料理》（PARCO出版）等日文書。

國家圖書館出版品預行編目資料

理想的廚房生活：日式料理研究家，教你日日踏實，簡單不堆積 / 渡邊真紀作；卡大翻譯. -- 二版. -- 新北市：智富, 2021.08
面；　公分. --（風貌；A29）
ISBN 978-986-99133-7-9（平裝）
譯自：毎日、こまめに、少しずつ。:ためないキッチンと暮らし

1.家政 2.生活指導

420　　110004209

風貌A29

【新裝版】理想的廚房生活：日式料理研究家，教你日日踏實，簡單不堆積

作　　者 / 渡邊真紀作（ワタナベ マキ）
譯　　者 / 卡大
封面設計 / 季曉彤
主　　編 / 楊鈺儀
責任編輯 / 李芸
出 版 者 / 智富出版有限公司
發 行 人 / 簡玉珊
地　　址 / (231)新北市新店區民生路19號5樓
電　　話 / (02)2218-3277
傳　　真 / (02)2218-3239（訂書專線）
劃撥帳號 / 19816716
戶　　名 / 智富出版有限公司
單次郵購總金額未滿500元（含），請加60元掛號費
世茂網站 / www.coolbooks.com.tw
排版製版 / 辰皓國際出版製作有限公司
印　　刷 / 凌祥彩色印刷股份有限公司
初版一刷 / 2021年8月

ＩＳＢＮ / 978-986-99133-7-9
定　　價 / 340元

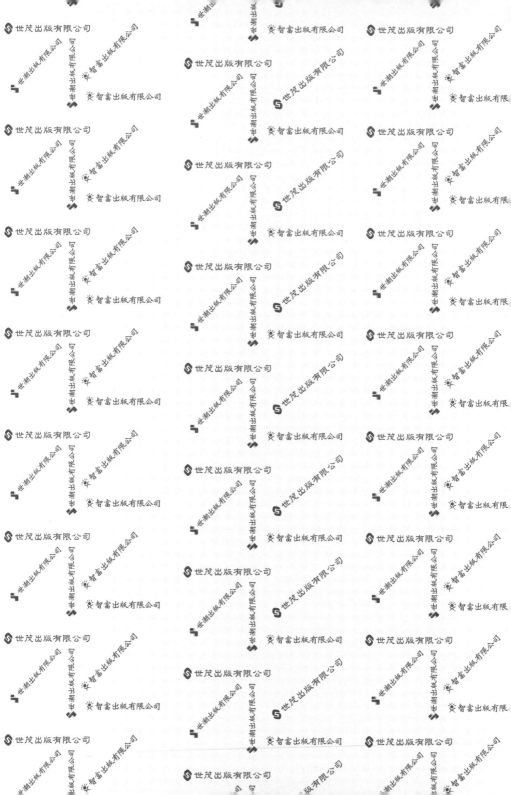